油品计量通俗读本

曾强鑫　曾　洁　编著

中国石化出版社

内容提要

本书是为加油站、石油库计量人员编写的普及性自学计量教材。本书从实用性、易学性出发，主要介绍了包括量与计量、误差、计量器具与石油计量方法、油品容量计算、油品质量计算、油品损耗管理方面的知识，符合国家当前关于计量和石油计量的标准、规程、规范、规定的基本要求。

本书思路新颖，通俗易懂，例题典型、丰富，便于课堂教学和自学。对引导石油计量员学习石油计量知识，提高业务水平有较大的帮助。

图书在版编目(CIP)数据

油品计量通俗读本 / 曾强鑫，曾洁编著. —北京：中国石化出版社，2016.8(2025.3 重印)
ISBN 978 - 7 - 5114 - 4237 - 6

Ⅰ.①油⋯　Ⅱ.①曾⋯ ②曾⋯　Ⅲ.①石油产品 - 计量 - 教材　Ⅳ.①TE626

中国版本图书馆 CIP 数据核字(2016)第 184364 号

中国石化出版社出版发行

地址:北京市东城区安定门外大街 58 号
邮编:100011　电话:(010)57512500
发行部电话:(010)57512575
http://www.sinopec-press.com
E-mail:press@ sinopec.com
北京艾普海德印刷有限公司印刷
全国各地新华书店经销
*
710 毫米×1000 毫米 16 开本 10.25 印张 177 千字
2016 年 8 月第 1 版　2025 年 3 月第 3 次印刷
定价:38.00 元

前　言

石油库、加油站经营、储存石油产品是一门重要的工作，也是一门很有学问的工作。而油品数量的确定与管理，需要大批的有志于油品计量的人员去做，那么做好油品的计量，确保油品数量的准确，就显得尤为重要。

石油计量是一门严格的科学，需要懂得一定的理论基础知识，还要比较熟练地掌握操作技能，以保证计量的准确性。而目前石油系统的计量队伍中大多数计量员都能胜任本职工作，但也有极少数计量员工作吃力，还有不少社会油库、加油站的相关人员几乎没有经过正规的培训，他们渴望补充或者得到这方面的专业知识。因此编写了这本通俗读本，力求让学过的人更明白，初学者通过自学能够入门。甚至，参照例题适当改变数字能计算得出来，并掌握这方面的知识。这就要求尽可能把复杂的知识写得简单些，例题多一些，语言通俗些，与实际工作贴近些，举的例题具有针对性，把暂时不急需的知识推后一些，循序渐进，由浅入深，有可读性。

当然，这并不等于降低标准。因为石油计量知识的更新速度相当快，本书则严格地依照国家、行业有关这方面最新最近的标准、规程、规范、规定编写。

由于有以上特点，尽管是一家之谈，我们想也可以为计量人员提供一些思路与参考。

对于各位同仁尤其是新接触石油计量领域的计量员厚爱的"油品计量教学幻灯片""习题及习题答案集"和"油品计量计算程序"教学内容，可以在中国石化出版社网站 www. sinopec-press. com 上下载。

由于水平有限，经验不足，诚望同行在阅读后，不吝指出书中存在的不足、疏漏和失误，以便修订时更正。

编　者

目　录

第一章　量与计量

编者按：

　　一个门外汉想要跨入石油计量的门槛，除了勇气之外，还得首先了解这个领域的一些"行话"。这些"行话"有着深刻的意义，它是石油计量的理论基础。你不了解这些基础，就等于在茫茫的黑夜中瞎摸。

　　当然，要完全掌握也不那么轻而易举，即使在这一领域研究多年的专家也讲不起这个硬话。所以，首先只要求读者通读全篇，取得感性认识。其次，在理解中记忆。不需要对定义、术语一字不漏地死记呆背。当然，对不是太多的各种基本公式还是要学会使用，并能运用到后面各章的内容中去。

　　本章分量和计量两节编写。

第一节　量

　　量是"现象、物体或物质的特性，其大小可用一个数和一个参照对象表示。"

　　这里的"量"，是指可测的量，它必须借助于计量器具来求得某被测物体（物质）的量值。它区别于可数的量。所以，一个人，三把椅子，五条鱼、800元人民币……，是不能通过计量体现出来的。也就是说，它不属于可测量的量的范畴。因此，要认识大千世界和造福人类社会，就必须对各种"量"进行分析和确认，既要区分量的性质，又要确定其量值。计量正是达到这种目的的重要手段之一。

　　这里所说的物体和物质，可以是天然的，也可以是经过加工的。例如，珠穆朗玛峰，某张桌子。

　　这里的参照对象可以是一个测量单位、测量程序、标准物质或其组合。例如，1秒，秒是测量单位，1当然是数。它属于什么量呢？在国际单位制这个量制中，它属于时间这个量。

量可定性区别。例如，某一物体的体积和质量是性质不同的两个量。

量也可定量确定。如不同物体的体积(或质量、温度等)可以相互比较或按大小(或轻重、高低等)排序。

一、量的特点

(1)能表达为某个数与某单位之积；

(2)独立于单位，其表述可用不同单位。例如，某桌子长度既可以是 1 米，也可能是 3 尺，还可能是 3.28084 英尺。此外，量的定义中，不涉及单位。

(3)存在于某量制之中。例如，"质量"是国际单位制中的一个基本量。

(4)独立于测量程序，或者说与测量操作无关。例如温度，无论你采用摄氏度、华氏度还是开尔文测试法，体现的还是温度这个量。

(5)一般来说，量是不能"计数"的，而只是通过测量(比较)给出其值的。很明显，你不可能说出某物体有多少质量，某条道路有多少长度。而只能通过测量说某物体有多少千克或者其单位的倍数单位或分数单位，通过测量说某道路有多少米或者其单位的倍数单位或分数单位。

二、特定量和一般量

量有"具体"和"一般"之分。测量某个被测物体的值，都是具体的。如加油站油品计量中的某油罐的周长，某油品的温度、密度，某个油罐的油品体积、质量等，这些量称为"特定量"。而从无数特定同种量中抽象出来的量，如，长度、温度、质量、体积等，则是一般的量。可按彼此相对大小排序的量称为同种量，如砝码组中各砝码的质量。某些在定义和应用上有些特点的同种量，如，长度、厚度、周长、距离、高度、宽度、半径、直径等，可组合成同类量。同类量在计量学上意味着可用同一个单位表示其量值，但可用同一单位表示其量值的量不一定是同类量。如力矩和功虽然都可以用牛·米作单位，但并非同类量；压力和应力都可用帕[斯卡]作单位，也不是同类量；各学科中有大批无量纲的量，它们的单位都是"一"，但并不是同类量。

三、量的分类

根据量在计量学中所处的地位和作用，存在不同的分类方式，如"基本量和导出量"、"被测量和影响量"、"有源量和无源量"。还有不同的分类方法，如"绝对测量和相对测量"、"接触测量和非接触测量"、"单项测量和综合测量"、"静态测量和动态测量"等。

(1)基本量是"在给定量制中约定选取的一组不能用其他量表示的量。"例如国际单位制中约定的长度、质量、时间、电流、热力学温度、物质的量和发光强度等基本量。由于它们不能用导出量构成定义方程而不存在定义。

（2）导出量是"量制中由基本量定义的量。"例如导出单位米每秒（m/s）是由基本量长度与时间相除得来的导出量的导出单位。它是基本量和基本量以及相应导出量的特定组合构成整个科学领域或某个专业领域的量制。

基本量的数目不可能很多。而导出量是根据它的物理公式，由几个基本量推导出来的，因而数目比较多。

导出量也就是量制中除基本量以外的其他量。导出量由基本量直接或间接的定义。

（3）被测量是"拟测量的量。"被测量是作为测量对象的特定量。它可以理解为已经计量所获得的量，也可指待计量的量。例如给定的柴油在20℃时的密度；待计量的柴油在 t℃的视密度。对被测量的说明要求了解量的种类以及含有该量的现象、物体或物质状态的描述，包括有关成分及所涉及的化学实体。测量包括测量系统和实施测量的条件，它可能会改变研究中的现象、物体或物质，使被测量的量可能不同于定义的被测量。在这种情况下，需要进行必要的修正。

（4）影响量是"在直接测量中不影响实际被测的量、但会影响示值与测量结果之间关系的量。"如测量某杆长度时测微计的温度（不包括杆本身的温度，因为杆的温度可以进入被测量的定义中）。间接测量涉及各直接测量的合成，每项直接测量都可能受到影响量的影响。

影响量不是被测量但是对测量结果有影响的量。影响量来源于环境条件和计量器具本身结构的变化，还可能来自测量仪器的不正确安装、使用。它虽然不直接反映被计量对象的量值，但对计量结果有重大影响。例如用来测量长度的钢卷尺的温度、测量油品密度时外界的振动、测量油品高度所用测深钢卷尺改变了检定时的状态等。

（5）有源量是计量对象本身具有一定的能量，观察者无需为计量中的信号提供外加能量的量，例如电流、电压、功率等。

（6）无源量是计量对象本身没有能量，为了能够进行计量，必须从外界获取能量的量，例如电阻、电容、电感等电路元件的参量。

（7）绝对测量是指被测量和标准量直接比较后得到被测量绝对值的测量。例如千分尺测量工件尺寸。

（8）相对测量。是指被测量和标准量进行比较后只确定被测量相对于标准量的偏差值的测量。例如通过恒温水槽用标准温度计对被检温度计进行检定就是利用比较测量法来进行的。

(9)接触测量是测量装置的敏感元件(测头)与被测对象表面发生机械接触的测量,存在机械作用的测量力。

(10)非接触测量。测量装置的敏感元件与被测对象表面不直接接触的测量,因而没有机械作用的测量力。此时,可利用光、气、电、磁等使测量装置的敏感元件与被测对象表面联系。例如,用水准仪测量卧式油罐倾斜值属于非接触测量。

(11)单项测量是对多参数的同一被测对象上的各被测量分别测量。例如分别测量某一圆柱体的长度和直径等。

(12)综合测量。对被测件的与多个单项参数有关的综合参数所进行的测量。例如对立式金属油罐的基本直径、罐高、径向偏差、附件等的测量。

(13)静态测量。是在测量过程中,被测的量或零件与敏感元件处于相对静止状态。

(14)动态测量。在测量过程中,被测的量或零件与敏感元件处于相对运动状态,或测量过程是模拟零件在工作或加工时的运动状态。

试验室中的测量一般属于静态测量,而在线测量一般均属于动态测量。动态测量与被测量的实际运用状态更接近,更有实用价值,但不易实现。如流量计对油品的计量。

以上测量方法分类是从不同角度考虑的。对一个具体的测量过程,可能兼有几种测量方法的特征。具体的测量方法的选择应考虑零件的结构特点、准确度要求、技术条件及经济效果等。

四、量的数学式

量可用数学式表示,如:$A = \{A\} \cdot [A]$

式中　$[A]$——量 A 所选用的计量单位;

　　　$\{A\}$——用计量 $[A]$ 表示时,量 A 的数值。

量的表示都必须在其数值后面注明所用的计量单位。量的大小并不随所用计量单位而变,即可变的只是单位和数值,这是各种单位制单位互相换算的基础,也是量的一种基本特性。

量的符号通常是单个斜体拉丁字母或希腊字母,有时带有下标或其他说明性标记。

可计量的量不仅包括物理量、化学量,还包括一些非物理量,如硬度、表面粗糙度、感光度等。这些非物理量是约定可计量的量,这类量的定义和量值与计量方法有关,相互之间不存在确定的换算关系。在计量学中,有一些量具有两重含义,如时间可以是时刻的概念,也可以是时间间隔的概念。物理量一般具有可作数学运算的特性，能用数学公式表示。同一种物理量可以相加减，几种物理量又可以相乘除。用如下数学式表示：

(1)同一种量可以相加 $A_1 + A_2 = \{A_1 + A_2\} \cdot [A]$

(2)同一种量可以相减 $A_1 - A_2 = \{A_1 - A_2\} \cdot [A]$

(3)几种量可以相乘 $AB = \{A\}\{B\} \cdot [A][B]$

(4)几种量可以相除 $A/B = \{A/B\} \cdot [A/B]$

五、量的其他几个重要概念

(1)量制。量制是指"彼此间由非矛盾方程联系起来的一组量。"例如，国际单位制。

(2)量纲。量纲是"给定量与量制中各基本量的一种依从关系，它用与基本量相应的因子的幂的乘积去掉所有数字因子后的部分表示。"

由于导出量的量纲形式可表示为基本量量纲之积，故也称为"量纲积"。量纲的一般表达式为：

$$\dim Q = A^\alpha B^\beta C^\gamma$$

式中　$\dim Q$——量 Q 的量纲符号，亦可以用正体大写字母 Q 表示；

A、B、C——基本量 A、B、C 的量纲；

α、β、γ——量纲指数。

在国际单位制中，规定长度、质量、时间、电流、热力学温度、物质的量和发光强度七个量为基本量，它们的量纲分别用正体大写字母表示为 L、M、T、I、Θ、N 和 J。因此，包括基本量在内的任何量的量纲一般表达式为：

$$\dim Q = L^\alpha M^\beta T^\gamma I^\delta \Theta^\varepsilon N^\xi J^\eta$$

具体的量的量纲式表示，如长度为 $\dim L = L$、质量为 $\dim M = M$、时间为 $\dim T = T$。

量纲还包括量纲为一的量。量纲为一的量是"在其量纲表达式中与基本量相对应的因子的指数均为零的量"。它也就是我们通常说的无量纲量。其量纲表达式中，基本量量纲的全部指数均为零，如摩擦系数、相对密度等都是量纲为一的量。

量纲的实际意义在于定性地确定量之间的关系，在这里数值并不主要。任何量的表达式，其等号两边必须具有相同的量纲式，这一规则称为"量纲法则"。应用这个法则可以检查物理公式的正确性，尤其是过去多种量制并存的时候，量纲法则更是检验量的表达式的有力工具。

量纲在确定一贯制单位中有重要作用。如果量制中基本量的单位已经确定，导出量的量纲式已经列出，那么只要将基本单位的符号取代导出量量纲式中的基本量量纲的符号，即可得出该量的导出单位。导出量量纲式只能给出导出量和基本量之间的定性关系，而导出量单位表达式却用以表明导出单位与基本单位之间的定量关系，它将随着所选取的基本单位的大小而变。

(3)量值。量值是"用数和参照对象一起表示的量的大小"。如，给定杆的长度：5.34m 或 534cm。

(4)量的数值(简称数值)。数值是"量值表示中的数，而不是参照对象的任何数字"。

(5)量的真值(简称真值)。"与量的定义一致的量值"。

在描述关于测量的"误差方法"中，认为真值是唯一的，实际上是不可知的。在"不确定度方法"中认为，由于定义本身细节不完善，不存在单一真值，只存在与定义一致的一组真值。然而，从原理上和实际上，这一组值是不可知的。另一些方法，免除了所有关于真值的概念，依靠测量结果计量兼容性的概念去评定测量结果的有效性。在基本常量的这一特殊情况下，量被认为具有一个单一真值。当被测量的定义的不确定度与测量不确定度其它分量相比可忽略时，认为被测量具有一个"基本唯一"的真值。

(6)量的约定值(简称约定值)：约定值是"对于给定目的，由协议赋予某量的量值"。例如，标准自由落体加速度（以前称标准重力加速度）$g_a = 9.80665 \text{m/s}^2$。有时约定量值是真值的一个估计值。约定量值通常被认为具有适当小(可能为零)的测量不确定度。

提示：

你看，一个"量"字，衍生出了许许多多的名词及其定义，就花费了我们一些精力去读。这里所有的文字都要去读，但着重还是去了解每个名词解释的第一句和各个要点的第一句。要深刻理解其中的含义。那么多的"例如""比如"有助于我们理解。在后面的章节中还会经常"碰"到它们，慢慢地就熟悉它们了。还有，可别被一大堆名词给吓倒了，一个一个的看并仔细地去理解还是不难的。另外，名词解释以及后面各章节的打了双引号的名词来自于国家质量监督检验检疫总局发布的中华人民共和国国家计量技术规范《通用计量术语及定义》JJF 1001—2011 以及国家最新的标准、规程、规范，可千万别留恋原来标准、规程、规范的解释哟！至于没有引号的则是中华人民共和国国家计量技术规范《通用计量术语及定义》JJF 1001—2011 以及国家最新的标准、规程、规范中没有但又必须说明的解释。

第二节　计　量

一、计量

什么是计量？计量就是"实现单位统一、量值准确可靠的活动"。

定义中的"单位"指计量单位。《中华人民共和国计量法》规定："国家采用国际单位制。国际单位制计量单位和国家选定的其他计量单位，为国家法定计量单位"。这就是统一。可以想象，如果在一个国家中，计量单位既使用米制单位，又使用市制单位，还使用杂制单位，那整个国家在计量方面就会乱套。所以，统一是必须的。

定义中的"活动"，包括科学技术上的、法律法规上的和行政管理上的活动。所以，现在的计量远比我国古代的"度量衡"的内容和范围要广泛得多。

二、计量的历史

计量早已有之。它是人类文明的一个重要组成部分。早在100多万年以前，人类的祖先——猿人，为了加工木棒、打制石器和分吃食物，逐渐萌发出长短、轻重、多少的概念。起初他们只是靠眼、手等感觉器官进行分辨估量。后来，人们从"布手知尺"、"舒肘为寻"、"迈步定亩"，自然而然地过渡到以人体的某一部分为标准的客观自然物长度标准。据《史记·夏本纪》记载，"禹，声为律，身为度，称以出"。即说大禹把自己的声音作为当时的声律标准，把自己的身长作为当时的长度标准。国外也是如此。如英国以英王查理曼大帝的足长为"一英尺"，以英王埃德加姆的拇指关节之间长度为"一英寸"，随着生产力的发展和人类改善生活条件的客观需要，人类社会最早的计量概念——度量衡便脱颖而出。度、量、衡，其含义包括长度、容积、质量，所用的主要器具是尺、斗、秤。

公元前221年，秦始皇统一中国，颁发了统一度量衡的诏书，确立了秦国的度量衡制度；还实行了定期检定等严格的法制管理，以保证度量衡的准确统一；另外，还明文规定了各种度量衡器具的允许误差，这在当时真是了不起的事情。

1792年，法国天文学家德拉布里和麦卡恩领导一支测量队，对法国敦刻尔克至西班牙的巴塞罗纳之间的地球子午线长度进行了精确测量，以此确定北极至赤道的子午线长度，再取其四千万分之一作为一米。定义为："米为地球子午线长度的四千万分之一"。与此同时，拉瓦锡尔等人也仔细地测量了在温度4℃时一立方分米的纯水质量，并定义："在温度4℃时一立方分米的纯水质量为1千克"。根据上述定义，用铂铱合金制作了米原器和千克原器，于 1799 年 6 月 22 日保存于法国巴黎的共和国档案局里。因此，又称作"档案局米"和"档案局千克"。尔后，逐步形成了一个以长度单位"米"为基础的新的计量单位制，这就是"米"制。

现在的国际单位制，就是在米制的基础上发展起来的。

1959 年 6 月 25 日，我国国务院发布了《关于统一我国计量制度的命令》，确定米制为我国基本计量制度。1977 年我国正式参加国际米制公约组织，颁发《中华人民共和国计量管理条例（试行）》，并规定我国逐步采用国际单位制。1984 年 2 月 27 日，国务院发布《关于在我国统一实行法定计量单位的命令》；1985 年全国人大通过《中华人民共和国计量法》，规定："国家采用国际单位制。国际单位制计量单位和国家选定的其他计量单位，为国家法定计量单位"。

当然，今天的计量，已远不是度量衡时代的计量，计量已成为一门专门的学科，即计量学。我国目前的计量范围包括几何量（长度）计量、温度计量、力学计量、电磁学计量、无线电（电子）计量、时间频率计量、电离辐射计量、光学计量、声学计量、化学（标准物质）计量等十大类，每一类中又可分若干项。计量的含义也不单指计量技术，还包括计量学和计量管理。

三、计量的目的

确定被测量的量值是计量的目的，最终是为了社会需求。

例如某张桌子不知有多长，用一支尺子计量便知道了它的具体长度。把它摆在办公室的某个位置，就能够满足自己的工作需要。

中国宇宙飞船的成功升空和返回，国防武器准确的命中率和影响力，还有各种形形色色的高精尖仪器、设备，也得益于对其各部件、材质、行程距离等进行精密的测量和计算，这势必为探索宇宙的奥秘、加强国防建设和各项建设做出了重大贡献，也从一个方面显示了我国的国力。

应该说明，这里的"量"是指可计量的量，它必须借助于计量器具来求得某被测物体（物质）的量值，它区别于可数的量。

四、计量的性质分类

1. 计量与分类

计量分为科学计量、工程计量和法制计量。

（1）科学计量是指基础性、探索性、先行性的计量科学研究，通常用最新的科技成果来精确地定义与实现计量单位，并为最新的科技发展提供可靠的测量基础。

(2)工程计量也称工业计量，是指各种工程、工业、企业中的实用计量，例如石油计量，它已成为石油生产、炼制、储存、销售过程中不可缺少的环节。

这也是本书介绍的重点内容。

(3)法制计量是与法定计量机构工作有关的计量，涉及对计量单位、计量器具、测量方法与测量实验室的法定要求。法制计量由政府或授权机构根据法制、技术和行政的需要进行强制管理，其目的是用法规或合同方式来规定并保证与贸易结算、安全防护、医疗卫生、环境监测、资源控制、社会管理等有关的测量工作的公正性和可靠性。

由于石油计量属于贸易结算、安全防护、环境监测、资源控制的范畴，所以，它有很强的法制性，必须严格遵守。

我国现行的《中华人民共和国计量法》(以下简称《计量法》)，是1985年9月6日经第六届全国人民代表大会常务委员会第十二次会议审议通过，并以第28号主席令正式公布的。于1986年7月1日起开始实行。《计量法》共6章35条。其宗旨是：为了加强计量监督管理，保障国家计量单位制的统一和量值的准确可靠，有利于生产、贸易和科学技术的发展，适应社会主义现代化建设的需要，维护国家人民的利益。

《计量法》的颁布，标志着我国计量事业的发展进入了一个新的阶段。它以法律的形式确定了我国计量管理工作中应遵循的基本准则，也是我国计量执法的最高依据，对加强我国计量工作管理、完善计量法制具有根本的意义。

《计量法》的颁布，把整个计量管理工作纳入法制的轨道，为确保国家计量单位制的统一和全国量值传递的统一准确，促进生产、科技和贸易的发展，保护国家和消费者的利益，都起到了法律保障作用。

2. 计量管理方式

计量管理与其他一切管理一样必须讲究科学的管理方式。依据计量工作的性质和特点，为了保证量值的准确、可靠，我国现行计量管理方式大致可归纳为以下7种类型，即：法制管理方式、行政管理方式、技术管理方式、经济管理方式、标准化管理方式、宣传教育方式、现代科学管理方式等。

其中法制管理方式和行政管理方式如下：

(1)法制管理方式。法制管理方式主要包括：制定计量法律、法规，制定贯彻计量法律的具体实施细则、办法和规章制度，或以政府名义发布通告、公告，建立计量执法机构和队伍，开展计量监督管理，依法执行处罚、仲裁、协调等。

从法律方面看，分为基本法律和其他法律，如《中华人民共和国刑法》属于前者，《中华人民共和国计量法》属于后者。

从法规方面看，分为行政法规和地方法规，如《中华人民共和国计量法实施细则》属于前者，地方法规则是地方国家权力机构制定在被行政区域内实行的法规。

从规章方面看，分为部门规章和地方规章，如国家质量监督检验检疫总局发布的《加油站计量监督管理办法》属于前者，地方规章则是地方政府用于本行政管理工作的规定办法等规范性文件。

法律、法规、规章的权力层次按序传递。

（2）行政管理方式。行政管理方式主要实质按行政管理体系，对所管理的对象发出命令、指示、规定和指令性计划以及组织协调、请示汇报等。

五、计量的特性

计量是有特定目的的测量，是为实现单位统一和量值准确可靠而进行的测量。它具有下列特性：

（1）准确性。"准"是计量的核心。它表征计量结果与被计量量的真值的接近程度。一切计量科学技术研究目的，最后是要达到所预期的某种准确度。计量准确性是计量一致性的基础。

（2）一致性。这是计量的本质特征。在统一计量单位的基础上，无论在何时、何地，采用何种方法，使用何种计量器具，以及由何人测量，只要符合有关的要求，其测量结果就应在给定的区间内一致。计量失去一致性，也就失去存在意义。

（3）溯源性。是指任何一个测量结果或计量标准的值，都能通过一条具有规定不确定度的连续比较链，与计量基准联系起来。这种特性使所有的同种量值，都可以按这条比较链通过校准向测量的源头追溯，也就是溯源到同一个计量基准（国家基准或国际基准），从而使准确性和一致性得到技术保证。它与量值传递则相反。

（4）法制性。法制性是计量工作准绳。为了保证计量工作的统一性和准确性，国家必须制定计量法律法规，作为各行各业遵守的准则，强化法制计量管理，是实行社会主义市场经济的重要手段。

六、计量方法

计量方法有时也称测量方法，主要有：

（1）静态测量。是在测量过程中，被测的量或零件与敏感元件处于相对静止状态。

（2）动态测量。在测量过程中，被测的量或零件与敏感元件处于相对运动状态，或测量过程是模拟零件在工作或加工时的运动状态。

（3）综合测量。对被测件的与多个单项参数有关的综合参数所进行的测量。例如对立式金属油罐的基本直径、罐高、径向偏差、附件等的测量。

试验室中的测量一般属于静态测量，而在线测量一般均属于动态测量。动态测量与被测量的实际运用状态更接近，更有实用价值，但不易实现。

七、计量单位和单位制

1. 计量单位

（1）计量单位是"根据约定定义和采用的标量，任何其他同类量可与其比较使两个量之比用一个数表示"。它也可称为测量单位。

用某计量器具计量某个物体，就必须读出它的计量单位。如用秤称得某条鱼为 500 克，你不能说是 500。500 什么呢？这个"克"就是质量的计量单位，500克连起来讲就是量值。讲 0.5 千克也是正确的表述。但如果讲是 0.5 米那就错了，因为"米"是长度的计量单位。

计量单位具有根据约定赋予的名称和符号。同量纲的测量单位可具有相同的名称和符号，即使这些量不是同类量。如焦耳每开尔文和 J/K 既是热容量的单位名称和符号，也是熵的单位名称和符号，而热容量和熵并非同类量。然而，在某些情况下，具有专门名称的测量单位仅限用于特定种类的量。如测量单位"秒的负一次方"（1/s）用于频率时称为赫兹，用于放射性核素的活度时称为贝克（Bk）。

量纲为一的量的测量单位是数。在某些情况下这些单位有专门名称，如弧度、球面度和分贝；或表示为商，如毫摩尔每摩尔等于 10^{-3}，微克每千克等于 10^{-9}。

对于一个给定量，"单位"通常与量的名称连在一起，如"质量单位"或"质量的单位"。

（2）"表示测量单位的约定符号"为测量单位符号（计量单位符号）。如 m 是米的符号；A 是安培的符号。

计量单位还分为基本单位、导出单位、倍数单位和分数单位。

（3）基本单位是"对于基本量，约定采用的测量单位"。在国际单位制中，基本单位有七个。计量科学技术的基础建立在基本单位定义的确定及其基准准确度的提高上。

（4）导出单位是"导出量的测量单位"。

在单位制中，导出单位可以用基本单位和比例因子表示，而且对有些导出单位，为了表示方便，给以专门的名词和符号，如牛顿（N）、赫兹（Hz）、帕斯卡（Pa）等。

(5)倍数单位与分数单位。在长期的计量实践中,人们往往从同一种量的许多单位中选用某个单位为基础,并赋予独立的定义,这个计量单位即为主单位。一个主单位不能适应各种需要,为了使用方便而设立了倍数单位和分数单位。

①倍数单位是"给定测量单位乘以大于1的整数得到的测量单位"。

②分数单位是"给定测量单位除以大于1的整数得到的测量单位"。

(6)实际选用单位时,一般应遵循如下原则,即应使量的数值处于0.1~1000范围之内。但有时也有例外,如为了表示计量结果的准确度,必须采用小单位、多数值表示法。

按科学的、严密的定义,计量单位应具有如下条件:

①单位本身是一个固定的量,即具体可以比较的"量",不是一个"量"值。

②命这个固定量的数值为1。

③这个命其数值为1的固定量应有具体的名称符号和定义,如千克、米、秒等。

④单位量的测量必须建立在科学、准确的基础上,要能定量地表示并可以复现,且具备现代科学技术所能达到最高准确度和稳定性。

2. 计量单位制

(1)计量单位制是"对于给定量制的一组基本单位、导出单位、其倍数单位和分数单位及使用这些单位的规则"。如国际单位制。

(2)国际单位制是"由国际计量大会(CGPM)批准采用的基于国际量制的单位制,包括单位名称和符号、词头名称和符号及其使用规则"。

我国采用国际单位制。国际单位制计量单位和国家选定的其它计量单位,为国家法定计量单位。那么,就意味着其它的如斗、两、亩、尺、寸、英寸、华氏度、毫米汞柱等旧杂制计量单位不能用了。

国际单位制是由SI单位(包括SI基本单位和SI导出单位)、SI词头和SI单位的十进倍数和分数单位三部分构成的。这里SI单位是指国际单位制中构成一贯制的那些单位,所以SI单位是国际单位制中有特定含义的名词;而国际单位制单位不仅包括SI单位,并且还包括它们的十进倍数单位和分数单位(即由SI词头和SI单位构成的新单位)。

国际单位制(SI)的构成如下:

①7个SI基本单位:米、千克、秒、安[培]、开[尔文]、摩[尔]和坎[德拉]。

其对应量的名称、单位符号和定义见表1-1。

表 1-1 SI 基本单位

量的名称	单位名称	单位符号	定　义
长度	米	m	米是光在真空中于 1/299792458s 时间间隔内所经路径的长度。[第 17 届 CGPPM(1983)]
质量	千克	kg	千克是质量单位，等于国际千克原器的质量。[第 1、3 届 CGPM(1889，1901)
时间	秒	s	秒是铯 -133 原子基态的两个超精细能级间跃迁相对应的辐射的 9192631770 个周期的持续时间。[第 13 届 CGPM(1967)]
电流	安[培]	A	安培是电流单位，在真空中截面积可忽略的两根相距 1m 的无限长平行圆直导线内通以等量恒定电流时，若导线间相互作用力在每米长度上为 2×10^{-7}N，则每根导线中的电流为 1A。[CIPM(1946)决议，第 9 届 CGPM(1948)批准]
热力学温度	开[尔文]	K	开尔文是热力学温度单位，等于水的三相点热力学温度的 1/273.16。[第 13 届 CGPM(1967)]
物质的量	摩[尔]	mol	摩尔是一系统的物质的量，该系统中所包含的基本单元数与 0.012kg 碳 -12 的原子数目相等。使用摩尔时，基本单元应予指明。[第 14 届 CGPM(1971)]
发光强度	坎[德拉]	cd	坎德拉是一光源在给定方向上的发光强度，该光源发出频率为 540×10^{12} Hz 的单色辐射，且在此方向上的辐射强度为 $1/683$W(sr)$^{-1}$[第 16 届 CGPM(1979)]

　　恰如美术有红、黄、蓝三原色，它们相互配比，就描绘出一个绚丽多彩、缤纷万千的世界；又如音乐的 1、2、3、4、5、6、7 七个基本音符，它们的互相组合，就奏出了这个时代美妙动听的声音。而计量的七个基本单位，由于它们的相互关联，就组成了无数个计量导出单位，满足无论是科学的高端领域还是百姓的日常生活计量的需要。

　　应该明白，计量单位是附属于某个量的。例如，"米"属于"长度"的范畴；"秒"属于"时间"的范畴；"安[培]"属于"电流"的范畴。实际上安培是一位在电流领域有卓著贡献的科学家，因此以他的人名作为计量单位。后面的具有专门名称的 SI 导出单位中打中括号字的计量单位也是这样。打中括号的字，在不会引起混淆的情况下，可以省略，如"安"。

　　单位符号要注意大小写，七个基本单位中的安[培]、开[尔文]的单位符号为大写，其余为小写。

　　千克是七个基本单位中唯一带词头的基本单位。

　　②21 个具有专门名称的 SI 导出单位：弧度、球面度、赫[兹]、牛[顿]、帕

[斯卡]、焦[耳]、瓦[特]、库[仑]、伏[特]、法[拉]、欧[姆]、西[门子]、韦[伯]、摄氏度、流[明]、勒[克斯]、贝可[勒尔]、戈[瑞]、希[沃特]。

其对应量的名称、单位符号和定义见表1-2。

表1-2 SI 导出单位

量的名称	SI 导出单位		
	名称	符号	用 SI 基本单位和 SI 导出单位表示
[平面]角	弧度	rad	$1rad = 1m/m = 1$
立体角	球面角	sr	$1sr = 1m^2/m^2 = 1$
频率	赫[兹]	Hz	$1Hz = 1s^{-1}$
力	牛[顿]	N	$1N = 1kg \cdot m/s^2$
压力、压强、应力	帕[斯卡]	Pa	$1Pa = 1N/m^2$
能[量]、功、热量	焦[耳]	J	$1J = 1N \cdot m$
功率、辐[射能]通量	瓦[特]	W	$1W = 1J/s$
电荷[量]	库[仑]	C	$1C = 1A \cdot s$
电压、电动势、电位、电势	伏[特]	V	$1V = 1W/A$
电容	法[拉]	F	$1F = 1C/A$
电阻	欧[姆]	Ω	$1\Omega = 1V/A$
电导	西[门子]	S	$1S = 1\Omega^{-1}$
磁通[量]	韦[伯]	Wb	$1Wb = 1V \cdot a$
磁通[量]密度、磁感应密度	特[斯拉]	T	$1T = 1Wb/m^2$
电感	亨[利]	H	$1H = 1Wb/A$
摄氏温度	摄氏度	℃	$1℃ = 1K$
光通量	流[明]	lm	$1lm = 1cd \cdot sr$
[光]照度	勒[克斯]	lx	$1lx = 1lm/m^2$
[放射性]活度、吸收剂量	贝可[勒尔]	Bq	$1Bq = 1s^{-1}$
比授[予]能、比释动能	戈[瑞]	Gy	$1Gy = 1J/kg$
剂量当量	希[沃特]	Sv	$1Sv = 1J/kg$

弧度、球面角已经由原来的辅助单位改为现在的具有专门名称的 SI 导出单位。

例如密度的 SI 单位为千克每立方米(kg/m^3)，它是质量的基本单位千克除以长度的基本单位米的三次方，而这米的三次方实际上是米乘以米乘以米。那么，可以认为，以乘除形式出现的计量单位为导出单位。

例如速度的 SI 单位为米每秒(m/s)，则是长度的基本单位米除以时间的基本单位秒。

例如热量的 SI 单位为焦[耳]，也可以用力的具有专门名称的 SI 导出单位牛顿乘以长度的基本单位米表示，即：$1J = 1N \cdot m$。

③用上述两类单位组成形成的其它 SI 导出单位；

例如，加上词头的导出单位如密度的 SI 单位克每立方厘米(g/cm^3)，则是质量的计量单位千克乘以 10^{-3} 除以长度的计量单位米乘以 10^{-2} 的三次方。

还有用基本单位加上具有专门名称的 SI 导出单位加上词头而形成的导出单位。还有基本单位加上具有专门名称的 SI 导出单位加上国家选定的非国际单位制单位加上词头而形成的导出单位，这样，就形成了无数个计量导出单位。

④用 SI 词头(目前共 20 个，表示的因数从 $10^{-24} \sim 10^{24}$)和上述三类 SI 单位构成的 SI 单位的十进倍数单位(SI 单位的十进倍数单位理解为包括十进分数单位)。

倍数单位是为了使用上的方便而采用的单位。例如，若用 SI 单位米来表示两个城市之间的距离，就会感到不如用千米(km)方便，千米就是米的一个十进倍数单位。

分数单位和倍数单位一样，也是为使用上的方便而采用的单位。例如，用毫米(mm)表示小型金属工件和仪器元件的尺寸，显然比用米(m)表示来得方便。

SI 词头的功能是与 SI 单位组合在一起，构成十进制的倍数单位和分数单位。在国际单位制中，共有 20 个 SI 词头，这 20 个词头所代表的因数，是由国际计量大会通过决议规定，它们本身不是数，也不是词，其原文来自希腊、拉丁、西班牙、丹麦等语中的偏僻名词，无精确的含义。而在我国法定计量单位里选其中 16 个用于构成十进倍数和分数单位的词头。SI 词头与所紧接的 SI 单位构成一个新单位，应该将它视作为整体，见表 1-3。

表 1-3　SI 词头

因 数	词头名称		符 号
	英 文	中 文	
10^{24}	Yotta	尧[它]	Y
10^{21}	Zetta	泽[它]	Z
10^{18}	Exa	艾[可萨]	E
10^{15}	Peta	拍[它]	P
10^{12}	Tera	太[拉]	T
10^{9}	Giga	吉[咖]	G
10^{6}	Mega	兆	M

因　数	词头名称		符　号
	英　文	中　文	
10^3	Kilo	千	k
10^2	Hecto	百	h
10^1	Deca	十	da
10^{-1}	Deci	分	d
10^{-2}	Centi	厘	c
10^{-3}	Milli	毫	m
10^{-6}	Micro	微	μ
10^{-9}	Nano	纳[诺]	n
10^{-12}	Pico	皮[可]	p
10^{-15}	Femto	飞[母托]	f
10^{-18}	Atto	阿[托]	a
10^{-21}	Zepto	仄[普托]	z
10^{-24}	Yocto	幺[科托]	y

　　我国的计量单位除国际单位制单位外，还有国家选定的非国际单位制单位，统称为法定计量单位。在1984年2月27日我国国务院发布"关于在我国统一实行法定计量单位的命令"中，法定计量单位是指"国家以法令的形式，明确规定并且允许在全国范围内统一实行的计量单位"。在《通用计量术语及定义》JJF 1001—2011中是指"国家法律、法规规定使用的测量单位"。凡属于一个国家的一个法定计量单位，在这个国家的任何地区、任何领域及所有人员都应按规定要求严格加以采用。

　　1960年第十一届国际计量大会决定采用以米制为基础发展起来的国际单位制（SI），1984年2月27日我国国务院发布"关于在我国统一实行法定计量单位的命令"，决定在采用先进的SI的基础上进一步统一我国的计量单位，并明确地把SI基本计量单位（以下简称基本单位）列为我国法定计量单位的第一项内容，命令还规定"我国的计量单位一律采用《中华人民共和国法定计量单位》"。这样，以法规的形式把我国的计量单位统一起来，并约束人们要正确地予以使用。

　　我国的法定计量单位是以国际单位制单位为基础，保留了少数其他计量单位组合而成的，它包括了SI的基本单位、导出单位和词头，同时选用了一些国家选定的非国际单位制单位以及上述单位构成的组合形式的单位。其主要特点是：完整、具体、简单、科学、方便，同时与国际上广泛采用的计量单位更加协调统一。见表1-4。

表 1-4　国家选定的非国际单位制单位

量的名称	单位名称	单位符号	与 SI 单位的联系
时间	分	min	$1\,min = 60\,s$
	[小]时	h	$1\,h = 60\,min = 3600\,s$
	日(天)	d	$1\,d = 24\,h = 86400\,s$
[平面]角	度	(°)	$1° = (\pi/180)\,rad$
	[角]分	(′)	$1' = (1/60)° = (\pi/10800)\,rad$
	[角]秒	(″)	$1'' = (1/60)' = (\pi/64800)\,rad$
体积	升	L(l)	$1\,L = 1\,dm^3 = 10^{-3}\,m^3$
质量	吨	t	$1\,t = 10^3\,kg$
	原子质量单位	u	$1\,u \approx 1.660540 \times 10^{-27}\,kg$
旋转速度	转每分	r/min	$1\,r/min = (1/60)\,s^{-1}$
长度	海里	n mile	$1\,n\ mile = 1852\,m$(只用于航行)
速度	节	kn	$1\,kn = 1\,n\ mile/h = (1852/3600)\,ms^{-1}$(只用于航行)
能	电子伏	eV	$1\,eV \approx 1.602177 \cdot 10^{-19}\,J$
级差	分贝	dB	
线密度	特[克斯]	tex	$1\,tex = 10^{-6}\,kg/m$
面积	公顷	hm²	$1\,hm^2 = 10^4\,m^2$

这样，就形成了庞大的计量单位群，满足各方面的需要。尽管在石油计量中用不了多少计量单位，但作为国际单位制和国家法定计量单位的不可分割性，则全部列出。我们在自学时可选择性地看需要掌握的内容。尽管那些定义、原理、数字、公式显得有些枯燥，但又是一个计量工作者必须掌握的起码知识，应该下工夫记住。

（3）法定计量单位使用方法及规则。1984 年 6 月 9 日，国家计量局以(84)量局制字第 180 号文件颁布了《中华人民共和国法定计量单位使用方法》。

①法定计量单位和词头的名称

A. 法定计量单位的名称

a. 我们所说的法定计量单位名称，均指单位的中文名称。单位的中文名称分全称和简称两种。国际单位制中凡用方括号括上的都可以使用简称。简称即可等效于它的全称使用，又可在必要时将单位简称作为中文符号使用。

b. 组合单位的中文名称与其符号表示的顺序一致。符号中乘号没有对应名称，除号的对应名称为"每"字，无论分母中有几个单位，"每"字都只能出现一次。

c. 乘方形式的单位名称，其顺序应是指数名称在前，单位名称在后，相应的指数名称由数字加"次方"两字而成。

d. 书写单位名称时，不加任何表示乘或除的符号，如（"·"、"×"、"/"、"÷"）或其它符号。

e. 单位名称和符号必须作统一使用，不能分开。

B. 法定计量单位的词头名称。对于 SI 词头，国际上规定了统一的名称和符号，我国法定计量单位规定了词头相应的中文名称和符号。

②法定计量单位和词头的符号。法定计量单位和词头的符号是一个单位或词头的简明标志，主要是为了使用方便。

A. 法定计量单位的符号。法定计量单位的符号可用国际通用纯字母表示，也可用中文符号表示。但推荐纯字母表达符号。

a. 计量单位用纯字母符号表达。当计量单位用字母表达时，一般情况单位符号字母用小写。当单位来源于人名时，符号的第一个字母必须大写。只有体积单位"升"特殊，这是国际单位制中唯一不是来源于科学家名字命名而使用大写的符号。

b. 计量单位用中文符号表示。当计量单位用中文符号表示时，其组合单位的中文符号可直接用表示乘或除的形式，也可直接用数字"2"、"3"或"−1"、"−3"等表示指数幂的形式，这是同组合形式计量单位名称的主要区别。非组合形式的计量单位其中文符号名称的简称相同，没有简称的计量单位，其中文符号与单位名称相同。

B. 法定计量单位词头的符号。法定计量单位词头的符号用字母表达时，其形式只有法定计量单位规定的一种组合单位符号的书写形式。

a. 相乘形式构成的组合单位符号的书写形式。相乘形式构成的组合单位，其国际符号有两种形式：用居中圆点，紧排。其中文符号只有一种，即用居中圆点。

一般情况，组合单位中各个单位的排列次序无原则规定，但应注意：

一是不能加词头的单位不应放在最前面；

二是若组合单位中某单位的符号同时又是词头符号，并可能发生混淆时该单位也不能放在最前面。

b. 相除形式构成的组合单位符号的书写形式。相除形式构成的组合单位，其国际符号有三种形式：用斜线；用负指数将相除转化为相乘，乘号用居中圆点；用负指数将相除转化为相乘，然后紧排。

其中文符号有两种形式：用斜线；用负指数相乘，乘号用居中圆点。

注意：当可能发生误解时，应尽量采用分式形式或中间乘号用居中圆点表示的负数幂形式；当分子无量纲而分母有量纲时，一般不用分式而用负数幂的形式；在进行运算时，组合单位的除号可用水平横线表示。

③书写单位和词头应注意的事项

A. 单位和词头符号所用的字母，不论是拉丁字母或希腊字母，一律用正体书写。这一条是根据国际上的有关规定作出的。除规定单位和词头符号用正体外，还规定数学常数、三角函数等必须用正体。规定用斜体的有：量的符号，物理常数符号，一般函数等。

B. 单位和词头的符号尽管来源于相应的单位的词语，但它们不是缩略语，书写时不能带省略点，且无复数形式。

一般情况，单位符号要比单位名称简单，但不能把单位符号加上省略点作为单位名称的缩写。

C. 单位符号的字母一般为小写体，但如果单位名称来源于人名时，符号的第一个字母为大写体。但有一个例外，即升为 L(1)，以避免用小写"1"时与阿拉伯数字"1"相混淆。关于非来源于人名的单位符号用小写字母的规定，也适用于非国际单位制单位。

D. 词头符号的字母，与国际单位制中的词头书写要求一致。

E. 一个单位符号不得分开，要紧排。

F. 词头和单位符号之间不留间隔，不加表示相乘的任何符号，也不必加圆括号。但有一个例外，在中文符号中，当词头和数词有可能发生混淆时，要用圆括号。

G. 相除形式的组合单位，在用斜线表示相除时，单位符号的分子和分母都与斜线处于同一行内，而不宜分子高于分母，当分母中包含两个以上单位时，整个分母一般应加圆括号，而不能使斜线多于一条。

H. 单位与词头的符号按名称或简称读音。

④法定计量单位和词头的使用规则

A. 单位名称与符号的使用场合。单位的名称，一般只用于叙述性的文字中，单位的符号则在公式、表格、曲线图、刻度盘或产品铭牌等需要简单明了表示的场合使用，也可用于叙述性的文字中。

B. 组合单位加词头的原则

a. 相乘形式的组合单位加词头，词头通常加在组合单位中的第一个单位前。例：力矩的单位 kN·m，不宜写成 N·km。

b. 相除形式的组合单位加词头，词头通常应加在分子中的第一个单位之前，分母中一般不加词头。例如：摩尔内能单位 kJ/mol 不宜写成 J/mmol。

但有几个例外情况：

a. 质量的 SI 单位 kg 可允许在分母中，此时把 kg 作为质量单位的整体来看待，不作为分母中的单位加词头。

b. 当组合单位中分母是长度、面积或体积单位时，分母中按习惯与方便也可选用词头以构成相应组合单位的十进倍数和分数单位。

c. 分子为1的组合单位加词头时，词头只能加在分母的单位上，且是在其中的第一个单位上。

C. 单位的名称或符号要整体使用

一个单位，不论是基本单位、组合单位。还是它们的十进倍数和分数单位，使用时均应作为一个整体来对待。应注意在书写或读音时，不能把一个单位的名称随意拆开，更不能在其中插入数值。十进倍数和分数单位的指数，是对包括词头在内的整个单位起作用。例如：80km/h 应写成并读成"80 千米每小时"，而不得写成并不得读成"每小时 80 千米"。

D. 不能单独使用词头

a. 不能把词头当作单位使用。

b. 不能把词头单纯当作因数使用。

E. 词头不能重叠使用，有时由于部分词头中的中文名称就是数词，用这些词表示数值再与有词头的单位连用，就不属于词头重叠使用。

F. 限制使用 SI 词头的单位（1）SI 词头不能加在非十进制的单位上。（2）在15 个国家选定的非国际单位制单位中，只有"吨"、"升"、"电子伏"、"特克斯"这几个单位，有时可加入 SI 词头。

G. 避免单位的名称与符号以及单位的国际符号与中文符号的混用

a. 单位的中文名称与中文符号不应混用。

b. 凡是单位名称则不应出现任何数学符号，如居中圆点"·"、除线"/"、指数"×"等。其中所用的单位全要用名称（全称和简称均可）。

c. 凡是单位中的中文符号，则其中所用到的单位要全用该单位的简称，当没有简称时才能用全称。

d. 单位的国际符号与中文符号也不应混用。

这里有一个例外，"℃"是摄氏度的国际单位符号，但它又可作为中文符号，为此符号"℃"具有双重性，在使用中要能鉴别。

H. 量值应正确表述

一个量值均由数值和单位组成，在表述时应注意以下几点：

a. 单位的名称或符号要置于整个数值之后，单位与数值之间应留一个字符的间距，如 34m、20℃，而不宜写成 34m、20℃。

b. 十进制的单位一般在一个量值中只应使用一个单位。对于非十进制的单位，允许在一个量值中使用几个单位。

c. 选用倍数或分数单位时，一般应使数值处于 0.1～1000 范围内。

例如： $1.2 \times 10^4 N$ 可以写成 $12kN$；$0.00318dm$ 可以写成 $3.18mm$。

在同一量的数值表中或叙述用一量的文字中，为对照方便而使用相同的单位时，数值不受限制。

d. 当数值位数较多时，由小数点向左或向右，每三位数留一间距，一般为一个字符，以方便读数，但不能使用逗号等其他标记。

例如，$2.997\ 924\ 58 \times 10^{10} cm \cdot s^{-1}$。

3. 常用法定计量单位的换算及与非国际单位制单位的换算

(1)常用法定计量单位的换算。为了日常工作的方便，现列出常用法定计量单位的换算，包括：

①长度单位：1 米(m) = 10 分米(dm) = 10^2 厘米(cm) = 10^3 毫米(mm)

②质量单位：1 吨(t) = 10^3 千克(kg)

③面积单位：1 平方米(m^2) = 10^2 平方分米(dm^2) = 10^4 平方厘米(cm^2)

④体积、容积单位：1 立方米(m^3) = 10^3 立方分米(dm^3) = 10^6 立方厘米(cm^3) = 10^3 升(L)

(2)常用法定计量单位与非国际单位制单位的换算。我国的法定计量单位包含了国际单位制，也根据我国国情加入了 16 个可与国际单位制单位并用的其他计量单位；现在有的国家在计量上还没有采用国际单位制，有的国家也类似我国采用了国际单位制，又保留了少数其他计量单位。目前，国际交流日益增多，我们有必要掌握一些常用法定计量单位与非国际单位制单位的换算的知识。但只能换算，而不能使用这些非国际单位制单位。举例如下：

①长度单位：1 米(m) = 39.3701 英寸(in)

= 3.28084 英尺(ft) = 1.09361 码(yd)

②质量单位：1 吨(t) = 0.984207 英吨(ton) = 1.10231 美吨(Uston)

= 2204.62 磅(lb) = 35274.0 盎司(oz)

1 千克(kg) = 2.20462 磅(lb) = 35.2740 盎司(oz)

③面积单位：1 平方米(m^2) = 1550.00 平方英寸(in^2)

= 10.7639 平方英尺(ft^2)

= 1.19599 平方码(yd^2)

④体积、容积单位：

1 立方米(m^3) = 61023.7 立方英寸(in^3) = 35.3147 立方英尺(ft^3)

= 1.30795 立方码(yd^3) = 219.969 英加仑(Ukgal)

= 264.172 美加仑(USgal) = 6.28982 美(石)油桶(USbbl)

1 升(L) = 0.264172 美加仑(USgal) = 0.219969 英加仑(Ukgal)

提示：

计量，无疑是本书的重点。那一个一个方面的内容像是娓娓道来，却是把我们一步一步地引向深入。七个方面，有其单独的内容，但从理论到实践却是环环相扣。要记的内容很多，需要在理解中记忆。从前面的"什么是计量？"到最终的"计量单位和单位制"，篇幅较长，对初学者有较大的困难。把学习进度放慢点，也要让内容深入到骨髓。这一是提高我们的兴趣，也是让我们知道跨入石油计量这道坎不是那么容易，必须下大力气学习和钻研。尤其是第七小节，不妨先了解一下，然后在实践中对照中使用、理解。当然，作者会在以后的章节中引导大家去学习、去理解的。

第二章 误 差

在计量过程中，不管仪器多么准确，人员测量多么仔细，方法如何合理，测量环境条件如何好，都有或大或小的误差。也就是说一切测量结果都带有误差，误差存在于一切科学实验和测量的过程中。这就是误差公理。

第一节 误差定义及表示方法

一、误差的定义

测量误差的定义是："测得的量值减去参考量值"。

以公式表示为：

$$测量误差 = 测得的量值 - 参考量值 \tag{2-1}$$

测量误差的概念在以下两种情况下均可使用：

(1)当涉及存在单个参考量值，如用测得值的测量不确定度可忽略的测量标准进行校准，或约定两种给定时，测量误差是已知的；

(2)假设被测量使用唯一的真值或范围可忽略的一组真值表征时，测量误差是未知的。

另外，测量误差不应与出现的错误或过失相混淆。

测得的量值(又称量的测得值简称测得值)是"代表测量结果的量值"。

对重复示值的测量，每个示值可提供相应的测得值。用这一组独立的测得值可计算出作为结果的测得值，如平均值或中位值，通常它附有一个已减小了的与其相关联的测量不确定度。

当认为代表被测量的真值范围与测量不确定度相比小得多时，量的测得值可认为是唯一真值的估计值，通常是通过重复测量获得的多个独立测得值的平均值或中位值。

当认为代表被测量的真值范围与测量不确定度相比不太小时，被测量的测得值通常是一组真值的平均值或中位值的估计值。

测得的量值是客观存在的量的实验表现，仅是对测量所得被测量之值的近似或估计。显然它是人们认识的结果，不仅与量的本身有关，而且与测量程序、测量仪器、测量环境以及测量人员有关。确定测量结果时，应说明它是示值、未修正测量结果或已修正测量结果，还应表明它是否为几个值的平均值，也即它是由单次观测所得，还是由多次观测所得。是单次，则观测值就是测量结果；是多次，则其算术平均值才是测量结果。在很多精密测量的情况下，测量结果是根据重复观测确定的。

示值是指"由测量仪器或测量系统给出的量值"。

示值可用可视形式或声响形式表示，也可传输到其他装置。示值通常由模拟输出显示器上指示的位置、数字输出所显示或打印的数字、编码输出的码形图、实物量具的赋值给出。示值与相应的被测量值不必是同类量的值。

参考量值(简称参考值)是"用作与同类量的值进行比较的基础的量值"。

参考量值可以是被测量的真值，这种情况下它是未知的；也可以是约定真值，这种情况下它是已知的。带有测量不确定度的参考量值通常由以下参照对象提供：一种物质，如有证标准物质；一个装置，如稳态激光器；一个参考测量程序；与测量标准的比较。

那么，通常提出的真值到哪里去了呢？量的真值(简称真值)还是有的。

真值是"与量的定义一致的量值"。其注有三条：

①在描述关于测量的"误差方法"中，认为真值是唯一的，实际上是不可知的。在"不确定度方法"中认为，由于定义本身细节不完善，不存在单一真值，只存在与定义一致的一组真值；然而，从原理上和实际上，这一组值是不可知的。另一些方法（指 IEC 方法）免除了所有关于真值的概念，而依靠测量结果计量兼容性的概念去评定测量结果的有效性。

②在基本常量的这一特殊情况下，量被认为具有一个单一真值。

③当被测量的定义的不确定度与测量不确定度其他分量相比可忽略时，认为

被测量具有一个"基本唯一"的真值。但由于"实际上是不可知的"，所以，在测量误差中，就改参考量值为真值了。

还有约定量值，又称量的约定值，简称约定值。其定义是"对于给定的目的，由协议赋予某量的量值"。其注有三条：

①有时将术语"约定真值"用于此概念，但不提倡这种用法。

②有时约定量值是真值的一个估计值。

③约定量值通常被认为具有适当小（可能为零）的测量不确定度。同样"不提倡"。

> 提示：
> 测量误差以及后面提到的绝对误差是一个量值减去另一个量值，其结果有单位。

二、误差的表示方法

应该说明，《通用计量术语及定义》JJG 1001—2011 中已经没有了绝对误差、相对误差、引用误差、修正值的解释，但实际工作中还存在。姑且保留《通用计量术语及定义》JJG 1001—1998 的这方面内容。

1. 绝对误差

误差当有必要与相对误差相区别时，误差有时称为测量的绝对误差。

即：$$绝对误差 = 测量结果 - 真值 \qquad (2-2)$$

注意不要与误差的绝对值相混淆，后者为误差的模。

2. 相对误差

相对误差是"测量误差除以被测量的真值"。

即：$$相对误差 = 绝对误差/被测量真值 \times 100\% \qquad (2-3)$$

如：用工作用测深钢卷尺测量液位的高度其测量结果为 1000mm，真值为 1001mm，则绝对误差为：$1000 - 1001 = -1mm$；相对误差为 $-1/1001 \times 100\% = -0.0999\%$。用同一钢卷尺测量液位的高度其测量结果为 10000mm，真值为 10001mm，则绝对误差为 $10000 - 10001 = -1mm$；相对误差为 $-1/10001 \times 100\% = -0.009999\%$。从两个测量结果看，它们的绝对误差是相同的，但相对误差是不同的。显然，后者的测量准确度高于前者，所以，相对误差能更好地描述测量的准确程度。

> 提示：
> ①绝对误差与被测量的量纲相同，而相对误差是无量纲量；
> ②绝对误差表示的是测量结果减去真值所得的量值，而相对误差表示的是测量结果所含有的误差率；
> ③绝对误差不仅有大小、正负号，还有计量单位，而相对误差只有大小和正负号而无计量单位。

3. 引用误差

引用误差是"测量仪器的误差除以仪器的特定值"。该特定值一般称为引用值，例如，可以是测量仪器的量程或标称范围的上限。

例如一台标称范围为 $0\sim150V$ 的电压表，当在示值为 $100.0V$ 处，用标准电压表检定所得到的实际值(标准值)为 $99.4V$，则该处的引用误差为：

$$\frac{100.0-99.4}{150}\times100\%=0.4\%$$

上式中 $100.0-99.4=+0.6V$ 为 $100.0V$ 处的示值误差，而 150 为该测量仪器的标称范围的上限，所以引用误差都是对满量程而言。上述例子所说的引用误差必须与相对误差的概念相区别，$100V$ 处的相对误差为

$$\frac{100.0-99.4}{99.4}\times100\%=0.6\%$$

相对误差是相对于被检定点的示值而言，相对误差随示值而变化。

当用测量范围的上限值作为引用误差时也可称为满量程误差，通常可以在误差数字后附以 Fullscale 的缩写 FS，例如某测力传感器的满量程误差为 $0.05\%FS$。

采用引用误差可以十分方便地表述测量仪器的准确度等级，例如液体容积式流量计分为 0.1、0.2、0.3、0.5、1.0、1.5、2.5 等 7 个准确度等级，它们都是仪表最大允许示值误差，以量程的百分数(%)来表示的。如 0.5 级腰轮流量计其满量程最大允许的示值误差为 $\pm0.5\%FS$，实际上就是该仪器用引用误差表示的仪器允许误差值。

> **提示:**
> 引用误差是针对满量程而言。

4. 修正值

修正值在《通用计量术语和定义》JJG 1001—2011 中的术语名称为"修正"，其定义为："对估计的系统误差的补偿"。它与原来我们提到的修正值是一回事，只是对"correction"译法的区别。

即：　　　　　　　　修正值 = 真值 - 未修正测量结果　　　　　　　　(2-4)

那么：　　　　　　　真值 = 未修正测量结果 + 修正值

　　　　　　　　　　　 = 未修正测量结果 - 误差　　　　　　　　　　(2-5)

由式(2-5)可知，未修正测量结果加上修正值和未修正测量结果减去误差得到的是同一个值——真值，那么修正值与误差的关系是绝对值相同而符号相反。

含有误差的测量结果，加上修正值后就可能补偿或减少误差的影响。由于系统误差不能完全获知，因此这种补偿并不完全。修正值等于负的系统误差，这就

是说加上某个修正值就像扣除某个系统误差，其效果是一样的，只是人们考虑问题的出发点不同而已。

在量值溯源和量值传递中，常常采用这种加修正值的直观方法。用高一个等级的计量标准来校准或检定测量仪器，其主要内容之一就是获得准确的修正值。

> **提示：**
> ①修正值同误差一样，是一个量值减另一个量值，其结果有单位。
> ②分子不要按大小排序，其值应与分母相对应；分母总是大数减去小数。
> ③括号内总是测量值减去小的分度值。

在油品计量中也常涉及到修正值的使用，如温度计、密度计、测深钢卷尺等。

石油用温度计通常使用的是全浸式玻璃棒式水银温度计，分度值为 0.2℃。JJG 130—2004《工作用玻璃液体温度计》中规定，−30·+100℃的温度计最大允许误差为 ±0.3℃。受检合格温度计的计量器具合格证书上每隔 10℃给出一个修正值。当求取被测量的修正值时，采用比例内插法（线性插值法）计算求得，其计算公式为：

$$\Delta x = \Delta x_1 + \frac{\Delta x_1 - \Delta x_2}{x_2 - x_1}(x - x_1) \tag{2-6}$$

式中　x、Δx——测量示值和其对应的修正值；

　　　x_1、x_2——测量示值的下、上邻近被检分度值；

　Δx_1、Δx_2——分度值 x_1、x_2 的修正值。

【例 2−1】用某一石油玻璃温度计测得煤油的计量温度为 14.6℃，知此温度计在 10℃分度和 20℃分度时的修正值分别为 −0.2℃和 +0.1℃，求修正后的实际计量温度是多少？

解： 根据比例内插法公式

$$\Delta x = -0.2 + \frac{0.1 - (-0.2)}{20 - 10}(14.6 - 10.0)$$

$$= -0.062$$

$$\approx -0.1℃（保留到十分位）$$

故修正后的实际计量温度

$$t = 14.6 + (-0.1) = 14.5℃$$

答： 该石油玻璃温度计测量实际温度为 14.5℃。

石油密度计属工作玻璃浮计，JJG 42—2001《工作玻璃浮计》中规定，按型号分为 SY—02、SY—05、SY—10 三种，刻度间隔（g/cm³）分别为 0.0002、

0.0005、0.0010，最大刻度误差(g/cm^3)分别为±0.0002、±0.0003、±0.0010。受检合格石油密度计的计量器具合格证书上每隔$0.01g/cm^3$给一个修正值。当求取被测量的修正值时，采用比例内插法计算求得。

【例2-2】用某一SY—05石油密度计测得90#汽油的视密度为$0.7258g/cm^3$，知此密度计在$0.72g/cm^3$分度和$0.73g/cm^3$分度的修正值分别是$+0.0002g/cm^3$和$+0.0003g/cm^3$，求修正后的实际视密度。

解：$\Delta x = 0.0002 + \dfrac{0.0003 - 0.0002}{0.73 - 0.72}(0.7258 - 0.7200)$

$\qquad = 0.000258$

$\qquad \approx 0.0003g/cm^3$（保留到万分位）

故修正后的视密度$\rho_t' = 0.7258 + 0.0003 = 0.7261g/cm^3$

答：该石油密度计测量实际密度为$0.7261g/cm^3$。

测深钢卷尺按JJG 4—1999《钢卷尺》中规定，其分度值为1mm，II级测深钢卷尺零值误差$(0 \sim 500mm)$为$\pm0.5mm$，任意两线纹间的允许误差$\Delta = \pm(0.3 + 0.2L)mm$，（式中$L$是以米为单位的长度，当长度不是米的整数倍时，取最接近的较大的整"米数"），受检合格测深钢卷尺的计量器具合格证书上每一米给定一个修正值。由此可知，测深钢卷尺每米误差不会大于1mm，则规定测深钢卷尺修正值按就近原则进行修正。设$x_1 \le x \le x_2$，

则有：当$x - x_1 < x_2 - x$时，取$\Delta x = \Delta x_1$

$\qquad$ 当$x - x_1 > x_2 - x$时，取$\Delta x = \Delta x_2$

当$x - x_1 = x_2 - x$时，取$\Delta x = \Delta x_1$，亦可取$\Delta x = \Delta x_2$

【例2-3】用某测深钢卷尺测得罐内油高5847mm，知该尺$0 \sim 5m$分度处和$0 \sim 6m$分度处的修正值分别是$+1.2mm$和$+1.5mm$，求修正后的实际油高。

解：按就近原则，$x = 5847mm$，接近$0 \sim 6m$处的修正值进行修正，即：

$\Delta x = \Delta x_2 = +1.5mm \approx 2mm$（保留到个位）

故修正后的油高

$h = x + \Delta x = 5847 + 2 = 5849mm$

答：该钢卷尺测量实际油高为5849mm。

> 提示：
>
> 钢卷尺修正值按就近原则计算。在1000mm与2000mm之间，例如1500mm靠近于1000mm；那么，1500mm以下的数如1499mm、1498mm等都靠近1000mm；而1501mm以及以上的1502mm、1503mm等则靠近2000mm。

5. 偏差

偏差是一个值减去其参考值。参考值即标称值。标称值是测量仪器上表明其

特性或指导其使用的量值，该值为整值或近似值。如一支标称值为 1m 的钢板尺，经检定其实际值为 1.003m，此尺的偏差为 +0.003m，即：

$$偏差 = 实际值 - 标称值 \tag{2-7}$$

在此可见，定义中的偏差值与修正值相等，或与误差等值而反向。应强调的是：偏差相对于实际值而言，修正值和误差则相对于标称值而言，它们所指的对象不同。所以在分析时，首先要分清所研究的对象是什么。还要提及的是，上述尺寸偏差也称实际偏差或简称偏差，而常见的概念还有"上偏差"（最大极限尺寸与应有参考尺寸之差）及"下偏差"（最小极限尺寸与应有参考尺寸之差），它们统称为"极限偏差"。由代表上、下偏差的两条直线所确定的区域，即限制尺寸变动量的区域，通称为尺寸公差带。

提示：

此节告诉我们什么是测量误差以及与误差紧密相关的众多名词解释。各定义要记清楚，它们之间的关系要搞清楚，这牵涉到以后的运用。计算部分的那些例题，是最基本最关键的计算。石油计量计算有一个重要的特点，它计算的每一步都要求准确，而且这个数联系到以后更多的公式计算，出现连锁反应。必须每一个计算结果准确。如果一步出错，那么可以断定，这道题的最终结果是错的。所以要依照例题自己变动数字多练习，而且一定要会计算，会运用，计算准确。这在后面三～六章中会经常用到。

第二节 误差的来源

产生误差的原因是多方面的，了解和掌握误差的来源，对减少和消除误差，提高测量准确度，或者进行误差的计算，选择测量方法和评定测量准确度都有重要的意义。

误差主要来自以下几个方面：

1. 装置误差

测量装置是指为确定被测量值所必须的计量器具和辅助设备的总称。由于计量装置本身不完善和不稳定所引起的计量误差称为装置误差。分为：

（1）标准器误差。标准器是提供标准量值的器具，它们的量值（标准值）与其自身体现出来的客观量值之间有差异，从而使标准器自身带来误差。

（2）仪器、仪表误差。仪器、仪表是指将被测的量转换成可直接观测的指示值或等效信息的计量器具，如秒表、流量计等指示仪器，由于自身结构原理和性能的不完善，如复现性、长期稳定性、线性度、灵敏度、分辨力、重复性等原因均能引起测量误差，甚至测量仪器的安装状况（如垂直、水平），内部工作介质（如水、油）等也能引起测量误差。

（3）附件误差。为测量创造一些必要条件，或使测量方便地进行的各种辅助器具，均属测量附件，这类附件也能引起误差。

2. 测量方法的误差

采用近似的或不合理的测量方法和计算方法而引起的误差叫做方法误差，如在测量油罐内油品计量温度，由于计量孔位置偏移，不能使温度计到达有代表性的指定点；在计算中，取 $\pi = 3.14$，以近似值代替圆周率；还有因为计算相当复杂而改为简单的经验公式计算，由此引起的误差都为方法误差。另外一种物体采用多种方法测量也存在误差。如测量油品有流量法、直接衡量法以及体积——重量法，三者最后的计算结果也不可能完全一致。

3. 操作者的误差

测量人员由于受分辩能力、反应速度、固有习惯、估读能力、视觉差异、操作熟练程度以及一时生理或心理的异态反应而造成的误差，如读数误差、照准误差等。

4. 测量环境引起的误差

由于客观环境偏离了规定的参比条件引起的误差。如温度、湿度、气压、振动、照明等。

> **提示：**
> 　　此节阐明了误差产生的来源。它与我们日常工作有很大的关系。要记清楚。在日常工作中，针对某个问题误差的处理，你必须清楚地判断，它属于哪类误差，然后根据其特点进行下一步的处理。如果判断不准，就像"南辕北辙"成语里的结果一样。

第三节　误差分类及其性质

误差分为随机误差和系统误差。

1. 随机误差

随机误差是"在重复测量中按不可预见方式变化的测量误差的分量"。

随机测量误差的参考量值是对同一被测量由无穷多次重复测量得到的平均值。

一组重复测量的随机测量误差形成一种分布，该分布可用期望和方差描述，其期望通常可假设为零。

参照对象的技术规范必须包括在建立等级序列时使用该参照对象的时间，以及关于该参照对象的任何记录信息，如在这个校准等级序列中进行第一次校准的时间。

对于在测量模型中具有一个以上输入量的测量，每个输入量本身应该是经过计量溯源的，并且校准等级序列可形成一个分支结构或网络。为每个输入量建立计量溯源性所作的努力应与对测量结果的贡献相适应。

测量结果的计量溯源性不能保证其测量不确定度满足给定的目的，也不能保证不发生错误。

如果两个测量标准的比较用于检查，必要时用于对量值进行修正，以及对其中一个测量标准赋予测量不确定度时，测量标准间的比较可看作一种校准。

两台测量标准之间的比较，如果用于对其中一台测量标准进行核查以及必要时修正量值并给出不确定度，则可视为一次校准。

随机误差等于测量误差减去系统误差。因为测量只能进行有限次数，故可能确定的只是随机误差的估计值。

随机误差因多种因素起伏变化或微小差异综合在一起，共同影响而致使每个测得值的误差以不可预定的方式变化。因陋就简多次测量时的条件不可能绝对地相同，测量也只能进行有限次数。就单个随机误差估计值而言，它没有确定的规律；但就整体而言，却服从一定的统计规律，故可用统计方法估计其界限或它对测量结果的影响。

在测量误差理论中，最重要的一种分布是正态分布率，因为通常的测量误差是服从正态分布的。当然，在有些情况下，随机误差还有其他形式的分布率，如均匀分布、三角形分布、偏心分布和反正弦分布等。

随机误差大抵来源于影响量的变化，这种变化在时间上和空间上是不可预知的或随机的，它会引起被测量重复观测值的变化，故称之为"随机效应"。可以认为正是这种随机效应导致了重复观测中的分散性，我们用统计方法得到的实验标准[偏]差是分散性，确切地说是来源于测量过程中的随机效应，而不是来源于测量结果中的随机误差分量。

随机误差的统计规律性，主要归纳为对称性、有界性、单峰性。

(1)对称性是指绝对值相等而符号相反的误差，出现的次数大致相等，也即测得值是以它们的算术平均值为中心而对称分布的。由于所有误差的代数和趋近于零，故随机误差又具有抵偿性，这个统计特性是最本质的。换句话说，凡具有抵偿性的误差，原则上均可按随机误差处理。

(2)有界性是指测得值误差的绝对值不会超过一定的界限，也即不会出现绝对值很大的误差。

（3）单峰性是指绝对值小的误差比绝对值大的误差数目多，也即测得值是以它们的算术平均值为中心而相对集中分布的。

由于随机误差等于误差减去系统误差，那么误差按性质分类也就是随机误差和系统误差。由于随机误差有在时间上和空间上不可预知的或随机的变化，也就是随机效应，则过去我们分类的"粗大误差"应归于随机误差一类。粗大误差是人为的、过失性的或者疏忽性的，但不大可能是故意的误差，也就必然存在"不可预知"，只不过是我们在剔除这些值时，因为有明显异常而容易引起注意罢了。

2. 系统误差

系统误差是"在重复测量中保持不变或按可预见方式变化的测量误差的分量"。

它是在对被测量过程中，在偏离测量规定条件或由于测量方法不当时，有可能会产生保持恒定不变或可预知方式变化的测量误差分量。

系统测量误差的参考量值是真值，或是测量不确定度可忽略不计的测量标准的测得值，或是约定真值。

系统测量误差及其来源可以是已知或未知的。对于已知的系统测量误差可采用修正补偿。

系统测量误差等于测量误差减去随机测量误差。

这说明真值、测量标准的测得值、约定真值、无穷多次重复测量得到的平均值都是参考量值，

如同真值一样，系统误差及其原因不能完全获知。

由于只能进行有限次数的重复测量，真值也只能用约定真值代替，或者就是参考量值，因此可能确定的系统误差只是其估计值，并具有一定的不确定度。这个不确定度也就是修正值的不确定度，它与其它来源的不确定度一样贡献给了合成标准不确定度。值得指出的是：不宜按过去的说法把系统误差分为已定系统误差和未定系统误差，也不宜说未定系统误差按随机误差处理。因为这里所谓的未定系统误差，其实并不是误差分量而是不确定度；而且所谓的按随机误差处理，其概念也是不容易说清楚的。

所谓测量不确定度（简称不确定度），是指"根据所用到的信息，表征被测量量值分散性的非负参数"。该参数可以是如标准偏差或其倍数，或说明了置信水准的区间半宽度，它可能由多个分量组成。其中一些分量可用测量列结果的统计分布估算，并用实验标准偏差表征。另一些分量则可用基于经验或其它信息的假定概率分布估算，也可用标准偏差表征。而其测量结果可理解为被测量之值的最佳估计。

以上定义中，意指应考虑到各种因素对测量的影响所做的修正，特别是测量

应处于统计控制的状态下，即处于随机控制过程中。也就是说，测量是在重复性条件或复现性条件下进行的，此时对同一被测量作多次测量，所得测量结果的分散性可按贝塞尔公式算出，并用重复性标准[偏]差 s_r 或复现性标准[偏]差 s_R 表示。

测量不确定度从词义上理解，意味着对测量结果可信性、有效性的怀疑程度或不肯定程度，是定量说明测量结果的质量的一个参数。实际上，由于测量不完善和人们的认识不足，所得的被测量值具有分散性，即每次测得的结果不是同一值，而是以一定的概率分散在某个区域内的许多个值。虽然客观存在的系统误差是一个不变值，但由于我们不能完全认知或掌握，只能诊断它是以某种概率分布存在于某个区域内，而这种概率分布本身也具有分散性。测量不确定度就是被测量之值分散性的参数，它不说明测量结果是否接近真值。

为了表征这种分散性，测量不确定度用标准偏差表示。在实际使用中，往往希望知道测量结果的置信区间，因此规定测量不确定度也可用标准偏差的倍数或说明了置信水准的区间的半宽度表示。为了区分这两种不同的表示方法，分别称它们为标准不确定度和扩展不确定度。

在实践中，测量不确定度可能来源于以下 10 个方面：

(1)对被测量的定义不完整或不完善；

(2)实现被测量的定义的方法不理想；

(3)取样的代表性不够，即被测量的样本不能代表所定义的被测量；

(4)对测量过程受环境影响的认识不周全，或对环境条件的测量与控制不完善；

(5)对模拟仪器的读数存在人为偏移；

(6)测量仪器的分辨力或鉴别力不够；

(7)赋予计量标准的值和标准物质的值不准；

(8)引用于数据计算的常量和其他参量不准；

(9)测量方法和测量程序的近似性和假定性；

(10)在表面上看来完全相同的条件下，被测量重复观测值的变化。

由此可见，测量不确定度一般来源于随机性和模糊性，前者归因于条件不充分，后者归因于事物本身概念不明确。不确定度当由方差得出时，取其正平方根。

确定测量结果的方法，通常采用算术平均值、最小二乘法、标准误差、加权平均值、中位值等方法进行。

系统误差大抵来源于影响量，它对测量结果的影响若已识别并可定量表述，则称之为"系统效应"。该效应的大小是显著的，则可通过估计的修正值予以补偿。

系统误差一般不通过测量数据的概率统计来处理和抵偿，甚至未必能靠数据处理来发现，因此，如果存在有系统误差而未被发觉将影响到测量结果的准确度。

表2-1为测量误差与测量不确定度的主要区别。

表2-1　测量误差与测量不确定度的主要区别

序号	内容	测量误差	测量不确定度
1	定义的要点	表明测量结果偏离真值，是一个差值	表明赋予被测量之值的分散性，是一个区间
2	分量的分类	按出现于测量结果中的规律，分为随机和系统，都是无限多次测量时的理想化概念	按是否用统计方法求得，分为A类和B类，都是标准不确定度
3	可操作性	由于真值未知，只能通过约定真值求得其估计值	按实验、资料、经验评定，实验方差是总体方差的无偏估计
4	表示的符号	非正即负，不要用正负（±）号表示	为正值，当由方差求得时取其正平方根
5	合成的方法	为各误差分量的代数和	当各分量彼此独立时为方和根，必要时加入协方差
6	结果的修正	已知系统误差的估计值时，可以对测量结果进行修正，得到已修正的测量结果	不能用不确定对结果进行修正，在已修正结果的不确定度中应考虑修正不完善引入的分量
7	结果的说明	属于给定的测量结果，只有相同的结果才有相同的误差	合理赋予被测量的任一个值，均具有相同的分散性
8	实验标准[偏]差	来源于给定的测量结果，不表示被测量估计值的随机误差	来源于合理赋予的被测量之值，表示同一观测列中任一个估计值的标准不确定度
9	自由度	不存在	可作为不确定评定是否可靠的指标
10	置信概率	不存在	当了解分布时，可按置信概率给出置信区间

提示：
　　同前，这也是分析误差的下一步。此节阐明了误差分类及其性质，与不确定度的关系等。它与我们日常工作有很大的关系。要记清楚。要熟练掌握其规律。当然，如果仅就考试而言，暂且你依葫芦画瓢就是。

第四节　消除或减少误差的方法

研究误差最终是为了达到消除或减少误差的目的，以提高测量准确度。

一、系统误差的消除或减少

消除或减小系统误差有两个基本方法。一是事先研究系统误差的性质和大小，以修正量的方式，从测量结果中予以修正；二是根据系统误差的性质，在测量时选择适当的测量方法，使系统误差相互抵消不带入测量结果。

1. 采用修正值方法

对于定值系统误差可以采取修正措施。一般采用加修正值的方法，如对测深钢卷尺、温度计、密度计的修正。

对于间接测量结果的修正，可以在每个直接测量结果上修正后，根据函数关系式计算出测量结果。修正值可以逐一求出，也可以根据拟合曲线求出。

应该指出的是，修正值本身也有误差。所以测量结果经修正后并不是真值，只是比未修正的测得值更接近真值。它仍是被测量的一个估计值，所以仍需对测量结果的不确定度作出估计。

2. 从产生根源消除

用排除误差源的办法来消除系统误差是比较好的办法。这就要求测量者对所用标准装置、测量环境条件、测量方法等进行仔细分析、研究，尽可能找出产生系统误差的根源，进而采取措施。如：使用后的测深钢卷尺其示值总比标准值长一些，这很可能是长期承受尺铊压力的影响。应注意这一因素，可在零位值部分进行调节。还有天平安装不正确(不水平)、支点刀承倾斜、横梁摆动中刀两侧摩擦阻力不等，造成天平向一侧倾斜，应重调，使之水平等。

3. 采用专门的方法

(1)交换法(又称高斯法)。在测量中将某些条件，如被测物的位置相互交换，使产生系统误差的原因对测量结果起相反作用，从而达到抵消系统误差的目的。如，为消除由于天平不等臂而产生系统误差的影响，采取交换被测物与砝码的位置的方法。

(2)替代法(又称波尔达法)。替代法要求进行两次测量，第一次对被测量进行测量，达到平衡后，在不改变测量条件下，立即用一个已知标准值替代被测量，如果测量装置还能达到平衡，则被测量就等于已知标准值。如果不能达到平衡，调整使之平衡，这时可得到被测量与标准值的差值，即：被测量 = 标准值 +

差值。如，天平称量时采用的替代等。

（3）补偿法（又称异号法）。补偿法要求进行两次测量，改变测量中某些条件（如测量方向），使两次测量结果中，得到误差值大小相等，符号相反，取这两次测量的算术平均值作为测量结果，从而抵消系统误差。如，计量检定中采用正反行程检定。

（4）对称测量法。即在对被测量器具进行测量的前后，对称地分别同一已知量进行测量，将对已知量两次测得的平均值与被测得值进行比较，便可得到消除线性系统误差的测量结果。如：当用补偿法测量电阻时，被测电阻回路的电流和电位差计工作电流随着时间的变化会引起累进的系统误差。因为电流作线性变化，测量时间又是等间隔的，所以，采用对称观察法，线性累进的系统误差的影响得以消除。

（5）半周期偶数测量法。对于周期性的系统误差，可以采用半周期偶数法，即每经过半个周期进行偶数次观察的方法来消除。该法广泛用于测角仪器。

（6）组合测量法。由于按复杂规律变化的系统误差，不易分析，采用组合测量法可使系统误差以尽可能多的方式出现在测量值中，从而将系统误差变成为随机误差处理。

由于对随机误差、系统误差等掌握或控制的程度受到需要和可能两方面的制约，当测量要求和观察范围不同时，掌握和控制的程度也不同，于是会出现一误差在不同场合下按不同的类别处理的情况。系统误差与随机误差没有一条不可逾越的明显界限，而且，二者在一定条件下可能相互转化。

二、随机误差的消除或减少

随机误差是由很多暂时未能掌握或不便掌握的微小因素所构成，这些因素在测量过程中相互交错、随机变化，以不可预知方式综合地影响测量结果。就个体而言是不确定的，但对其总体（大量个体的总和）服从一定的统计规律，因此可以用统计方法分析其对测量结果的影响。

事实表明，大多数的随机误差具有：单峰性（即绝对值小的误差出现的概率比绝对值大的误差出现概率大）、对称性（即绝对值相等的正误差和负误差出现的概率相等）、有界性（在一定测量条件下，误差的绝对值不会超过某一定界限）等特性。其它如三角分布、均匀分布等也有类似特性。

随机误差按统计方法来评定，如用算术平均值来评定测量结果的数值，实验标准偏差、算术平均值实验标准偏差来评定测量结果的分散性等。

关于粗大误差，这种明显超出规定条件下预期的误差会明显地歪曲测量结果，应给予剔除。

粗大误差产生的原因既有测量人员的主观因素，如读错、记错、写错、算错等；也有环境干扰的客观因素，如测量过程中突发的机械振动，温度的大幅度波动，电源电压的突变等，使测量仪器示值突变，产生粗大误差。此外，使用有缺陷的计量器具，或者计量器具使用不正确，也是产生粗大误差的原因之一。含有粗大误差的测量结果视为离群值，按数据统计处理准则来剔除。

在重复条件下的多次测得值中，有时会发现个别值明显偏离该数值算术平均值，对它的可靠性产生怀疑，这种可疑值不可随意取舍，因为它可能是粗大误差，也可能是误差较大的正常值，反映了正常的分散性。正确的处理办法是：首先进行直观分析，若确认某可疑值是由于写错、记错、误操作等，或者是外界条件的突变产生的，可以剔除，这就是直观判断或称为物理判别法。

> **提示：**
>
> 此节阐明了消除和减少误差的方法，需要我们在日常工作中加以注意。石油计量产生的误差多为系统误差，其消除和减少误差的方法，当然以采用修正值方法为主。至于你在工作中粗心大意等出现差错，那只能按相应的方法去消除和处理了。所以石油计量是一项非常细致的工作。操作上要一丝不苟，计算上要细心认真。作为初学者，由于在以后的章节中需要牢固掌握的知识相当多，暂且不必花更大的精力去研究。但以后在工作中要高度重视。

第五节　计量数据处理

由于测量结果含有测量误差，测量结果的位数，应保留适宜，不能太多，也不能太少，太多易使人认为测量准确度很高，太少则会损失测量准确度。测量结果的数据处理和结果表达是测量过程的最后环节，因此，有效位数的确定和数据修约对测量数据的正确处理和测量结果的准确表达有很重要的意义。

1. 有关名词解释

(1)正确数。不带测量误差的数，如3支温度计，5个人。

(2)近似数。接近但不等于某一数的数，如圆周率 π 的近似数为3.14。在自然科学中，一些数的位数很长，甚至是无限长的无理数，但运算时只能取有限位，所以实际工作中近似数很多。

(3)有效数字。一个数字的最大误差不超过其末位数字的半个单位，则该数字的左起第一个非零数字到最末一位数字，为有效数字。

如用一支最小刻度为毫米的钢板尺测量某物体长度，得出四个数字：$L=$

3mm；$L = 3.3978\cdots mm$；$L = 3.4126\cdots mm$；$L = 3.4mm$。上述 4 个数据显然都是近似数，但第一个数据未能充分利用刻尺的精度，应再多估读一位；第二、三个数据虽然位数较多，但不能通过尺的刻度准确读出来，数据中小数点后第二位以后的数字都是虚假无效的；唯独第四个数据最合理地反映了 L 的真实值，有效地表示了原有物体的真实尺寸。因此称 3.4mm 为 L 的有效值。这一数值的特点是只有最末一位数字是估读的，而其它位的数字都是准确数字。

为了进一步探讨这一数值的特点，分析一下估读数值的精度。一般情况下，计量检测人员都能估读出最小刻度的 $\frac{1}{10}$，其估读精度为 ±0.05 刻度值，或者说估读值的最大误差不超过估读位上的半个单位。例如，上例中的数值 3.4mm，是在 $\frac{1}{10}$ mm 位上的估读的，估读误差不超过 $\pm\frac{1}{2} \times \frac{1}{10}mm = \pm 0.05mm$，即 L 的实际值在 3.35 ~ 3.45mm 的范围内。

（4）有效位数。一个数全部有效数字所占有的位数称为该数的有效位位数。如 3.4 中的"3.4"为两位有效数字。应该指出：

①有效数字的位数与该数中小数点的位置无关。上例中被测长度 L 的有效数值为 3.4mm；若以米为单位来表示，则为 0.0034m。这两个数字虽然其小数点位置不同，但都为二位有效数字。因此，盲目认为"小数点后面位数越多数值越准确"是错误的，因为小数点在一个数中的位置仅与所选的计量单位有关，而与该数的量值无关。

顺便指出，0.0034m 中前面三个"零"是由于单位改变而出现的，都不是有效数字。因此一个数的有效数字必须从第一个非零数字算起。

②一个数末位的"零"可能是有效数字，也可能不是有效数字。上例中测得的 $L = 3.4mm$，如果以微米为单位表示，则 $L = 3400\mu m$。但根据有效数字定义，此数仍为二位有效数字，其末两位的"零"不是有效数字。如果用按毫米刻度的刻尺测出一个尺寸为 50mm，则其"50"之末位的"零"显然为有效数字。因此，对于一个数的末位的"零"，不能笼统断言是或者不是有效数字，而必须根据具体情况进行分析。

这里还应指出，对于测量数据，存在着有效数字的概念；对于 $\sqrt{2}$、π、e 这类无理数亦有有效数字的概念。例如，3.14 是 π 的三位有效数字，3.1416 则是 π 的五位有效数字。

③乘方形式体现的有效数字。如 3.4mm 可以为 3400μm。此时，如果不加特殊说明，就很难断定 L 的数值是几位有效数字。为了能在选择不同单位的情况下，都能准确无误地辩认出一个数的有效数字位数，可采用如下数据形式：

有效数字×10^n 单位

这里 n 为幂指数，根据选定单位而定。例如，有效数字为 3.4mm 的测值可表示成 3.4mm、$3.4×10^3\mu m$、$3.4×10^{-3}m$、$3.4×10^{-2}cm$。目前实际确定时，通常将极限误差保留一位数字（精密测量可多保留 1~2 位），测量结果最末一位数字的数量级取至极限误差数量级相同。例如，光速 C 的估计值为 299792458.0m/s，极限误差为 ±0.4m/s，极限误差为 0.4m/s，因此光速可用下式表示：

$$C = (299792458.0 \pm 0.4)\,m/s$$

对于一般性测量，有效位数的确定可以简单些，不必先知道极限误差，只需按计量器具最小刻度值来确定有效位数即可，因为一般计量器具的极限误差与刻度值是相当的。如果对测量结果需要进行计算，如多次测量时求算术平均值，则读数可多估读一位；但最后测量结果的有效位数仍根据计量器具最小刻度值确定。

从上述分析可以看出，测量数据的有效位数是受测量器具及方法的精度限制的，不能随意选定。如成品油计量中散装成品油质量计算时的数据处理，其计算结果一般规定：

(a)若油重单位为吨(t)时，则数字应保留至小数点后第三位；若油重单位为千克(kg)时，则有效数字仅为整数。

(b)若油品体积单位为立方米(m^3)时，则有效数字应保留至小数点后第三位；若体积单位为升(L)时，则有效数字仅为整数；但燃油加油机计量体积单位为升时，数字应保留至小数点后第二位。

(c)若油温单位为摄氏度(℃)时，则有效数字应保留至小数点后一位，即精确至 0.1。

(d)若油品密度单位为 g/cm^3 时，则有效数字应保留至小数点后第四位；若油品密度单位为 kg/m^3，则有效数字应保留至小数点后一位，且 $kg/m^3 = 10^{-3}g/cm^3$。

(e)石油体积系数，有效数字应保留至小数点后第五位。

以上数字在运算过程中，应比结果保留位数多保留一位。

2. 数字修约原则

在处理计量测试数据的过程中，常常需要仅保留有效位数的数字，其余数字都舍去。这时要遵循以下规则进行取舍：

如果以舍去数的首位单位为 1，分三种情况进行处理：

(1)若舍去部分的数值大于5，则保留数字的末位加1；

(2)若舍去部分的数值小于5，则保留数字的末位不变；

(3)若舍去部分数值等于5，则将保留数字的末位凑成整数，即末位为偶数(0、2、4、6、8)时不变，为奇数(1、3、5、7、9)时则加1。

为便于记忆，我们将上述规则简化为口诀：

五下舍去五上进，偶弃奇取恰五整。

【例2-4】将下列左边各数保留到小数点后第二位。

76. 7464→76. 75   15. 6735→15. 67   0. 3750→0. 38

0. 3650→0. 36   0. 365000001→0. 37

3. 近似数的加减运算

近似数的加减，以小数点后位数最少的为准，其余各数均修约成比该数多保留一位，计算结果的小数位数与小数位数最少的那个近似数相同。

【例2-5】求28. 1 + 14. 54 + 3. 0007 的值。

解：$28. 1 + 14. 54 + 3. 0007$

$\approx 28. 1 + 14. 54 + 3. 00$

$= 45. 64 \approx 45. 6$

答：该值为45.6。

4. 近似数的乘除运算

近似数的乘除，以有效数字最少的为准，其余各数修约成比该数字多一位的有效数字；计算结果有效数字位数，与有效数字的位数最少的那个数相同，而与小数点位置无关。

【例2-6】求 2. 3847 × 0. 76 ÷ 41678 的值。

解：$2. 3847 \times 0. 76 \div 41678$

$\approx 2. 38 \times 0. 76 \div 4. 17 \times 10^4$

$= 4. 33764988 \times 10^{-5}$

$\approx 4. 3 \times 10^{-5}$

答：该值为 $4. 3 \times 10^{-5}$。

【例2-7】已知圆半径 $R = 3. 145$mm，求周长 C。

解：$C = 2\pi R$

$= 2 \times 3. 1416 \times 3. 145$

$= 19. 760664$

$\approx 19. 76$mm

答：周长为19.76mm。

5. 近似数的乘方运算

乘方运算是乘法运算的特例，其规则与乘除运算规则类同，为：数进行乘方运算时，幂的底数有几位有效数字，运算结果就保留几位有效数字。

【例2-8】试求 $(2. 46)^2$ 的值。

解：经计算得 $(2. 46)^2 = 6. 0516$。因为底数 2.46 的有效数字为三位，所以计算结果亦取三位有效数字，为6.05。

答：该值为6.05。

6. 近似数的开方运算

开方运算是乘方的逆运算，所以可以由乘方运算规则导出开方运算规则为：数进行开方运算时，被开方数有几位有效数字，求得的方根值就保留几位有效数字。列举一例进行说明。

【例2-9】试求$\sqrt{8.60}$的值。

解：$\sqrt{8.60} \approx 2.933$。因为8.60可以认为是三位有效数字，所以其方根值取为2.93。

答：该值为2.93。

7. 近似数的混合运算

进行混合运算时，中间运算结果的有效数字位数可比按加、减、乘、除、乘方、开方运算规则进行计算所得的结果多保留一位。

【例2-10】试求$\dfrac{(673 - 119 + 119 \times 0.094)(12.8 - 9.5)}{403.7 \times (100.11 - 12.8)}$的值。

解：因为12.8 - 9.5 = 3.3，其有效位数最少，为两位，所以上式的最终计算结果的有效数字也取两位，而中间运算结果取三位。然后进行计算，得

$$\frac{(554 + 11.2) \times 3.3}{404 \times 87.5} = \frac{565 \times 3.3}{353 \times 10^2} = \frac{186}{353} \approx 0.53$$

答：该值为0.53。

这里应该指出，为可靠起见，实际计算过程中的数据和最终结果的数的位数可比按以上有关规则规定的多保留1~2位，作为保险数字，这要视具体情况而定。

8. 修约注意事项

（1）不得连续修约。即拟修约的数字应在确定位数一次修约获得结果，不得多次连续修约。如：修约15.4546至个位，结果为15，不正确修约是：15.4546→15.455→15.46→15.5→16

（2）负数修约，先将它的绝对值按规定方法进行修约，然后在修约值前加上负号，即负号不影响修约。

提示：

此节计算数据处理中的名词解释好记，关键在于计算。除了广泛的计算外，牵涉到石油计量计算的内容很多，必须熟练掌握，不能算错。基础的运算出现差错，全盘皆输。再就是小数点位数的取舍，一定要按要求取舍，要不然计算的结果将会与正确答案有较大的差别。而且，一个数字一步出错，将会连累整个计算题出错，最后将会前功尽弃。切记，切记！

第三章 计量器具与石油计量方法

编者按：

　　计量器具是计量中的第一环节，任何计量的结果都从它开始。计量器具分类很细，用于各种不同的测量。计量器具按照不同的要求去计量，那么对它的准确度也有着相应的要求。这样，也就有着一系列的标准和规程去规范它。在具体的石油计量方面，比较详细地介绍它们的用途和使用方法以及计算方法，一步一步地把大家引入到石油计量的轨道上来。

第一节　计量器具定义

一、计量器具

　　计量器具(测量仪器)是"单独或与一个或多个辅助设备组合，用于进行测量的装置"。

　　计量器具是测量仪器的同名词。在形式上它还包括了测量系统、测量设备、实物量具或有证标准物质复现。

　　(1)测量系统是"一套组装的并适用于特定量在规定区间内给出测得值信息的一台或多台测量仪器，通常还包括其他装置，诸如试剂和电源"。

　　(2)测量设备是"为实现测量过程所必需的测量仪器、软件、测量标准、标准物质、辅助设备或其组合"。

　　(3)实物量具是"具有所赋量值，使用时以固定形态复现或提供一个或多个量值的测量仪器"。例如，标准砝码、容积量器、线纹尺、量块、有证标准物质。

二、测量标准与工作计量器具

　　计量器具在等级上包括实现或复现计量单位和测量标准与工作计量器具。

(1)测量标准。测量标准是"具有确定的量值和相关联的测量不确定度，实现给定量定义的参照对象"。

在我国，测量标准按其用途分为计量基准和计量标准。给定量的定义可通过测量系统、实物量具或有证标准物质复现。测量标准经常作为参照对象用于为其他同类量确定量值及其测量不确定度。通过其他测量标准、测量仪器或测量系统对其进行校准，确定其计量溯源性。这里所用的"实现"是按一般意义说的。"实现"有三种方式：一是根据定义，物理实现测量单位，这是严格意义上的实现；二是基于物理现象建立可高度复现的测量标准，它不是根据定义实现的测量单位，所以称"复现"；三是采用实物量具作为测量标准，如1kg的质量测量标准。测量标准的标准不确定度是用该测量标准获得的测量结果的合成标准不确定度的分量。通常，该分量比合成标准不确定度的其他分量小。量值及其测量不确定度必须在测量标准使用的当时确定。几个同类量或不同类量可由一个装置实现，该装置通常也称测量标准。术语"测量标准"有时用于表示其他计量工具。

测量标准是指：

①国际测量标准。"由国际协议签约方承认的并旨在世界范围使用的测量标准。如国际千克原器"。

②国家测量标准(简称国家标准)。"经国家权威机构承认，在一个国家或经济体内作为同类量的其他测量标准定值依据的测量标准"。

③原级测量标准(简称原级标准)。"使用原级参考测量程序或约定选用人造物品建立的测量标准。如水的三相点瓶作为热力学温度的原级测量标准"。

④次级测量标准(简称次级标准)。"通过用同类量的原级测量标准对其进行校准而建立的测量标准"。

⑤参考测量标准(简称参考标准)。"在给定组织或地区内指定用于校准或检定同类量其他测量标准的测量标准"。

⑥工作测量标准(简称工作标准)。"用于日常校准或测量仪器或测量系统的测量标准"。

计量基准、标准是为了定义、实现、保存或复现量的单位或一个或多个量值，用作参考的实物量具、测量仪器、参考物质或测量系统。

(2)工作计量器具。工作计量器具的技术指标主要包括：标称范围、量程、测量范围、器具示值误差、器具最大允许误差、器具准确度、准确度等级、器具的重复性、器具的稳定性等。

①标称范围是指测量仪器的操纵器件调到特定位置时可得到的示值范围。

标称范围通常以被测量的单位表示，而不管标在标尺上的是什么单位。

标称范围通常以最小值和最大值表示。

②量程指仪表标称范围的上下两极限之差的值。

如果仪表的测量下限为零，则所能测量的物理量的最大值等于其量程。例如电流表的量程就是可以测的电流值的最大值。

③测量范围指计量器具所能够测量的最小尺寸与最大尺寸之间的范围。

④器具示值误差指"测量仪器示值与对应输入量的参考量值之差"。

⑤器具最大允许误差指"对给定的测量、测量仪器或测量系统，由规范或规程所允许的，相对于已知参考量值的测量误差的极限值"。

⑥器具准确度指"被测量的测得值与其真值间的一致程度"。应该说明的是概念"准确度"不是一个量，不给出有数字的量值。当测量提供较小测量误差时就说该测量是较准确的。"测量准确度"不应与"测量正确度""测量精确度"相混淆，尽管它与这两个概念有关。测量准确度有时被理解为赋予被测量的测得值之间的一致程度。

⑦准确度等级是指符合一定的计量要求，使误差保持在规定极限以内的测量仪器的等别、级别。

⑧器具的重复性指"在一组重复性测量条件下的测量精密度"。

⑨器具的稳定性指测量仪器保持其计量特性随时间恒定的能力。通常稳定性是指测量仪器的计量特性随时间不变化的能力。若稳定性不是对时间而言，而是对其他量而言，则应该明确说明。稳定性可以进行定量的表征，主要是确定计量特性随时间变化的关系。通常可以用以下两种方式：用计量特性变化某个规定的量所需经过的时间，或用计量特性经过规定的时间所发生的变化量来进行定量表示。

石油工作用计量器具主要包括：测深钢卷尺、丁字尺、量水尺、玻璃液体温度计、石油密度计、燃油加油机、流量计、卧式金属油罐、汽车油罐车、立式金属油罐、铁路油罐车、液位计。

石油工作用计量器具很多都是列入强制检定目录的计量器具，因此，经上一级标准计量器具检定合格后才能使用。

三、量值传递与计量溯源性

量值传递与计量溯源性，包括计量检定、校准、测试、检验与检测，物理常量、材料与物质特性的测定。

量值传递与计量溯源性实际上就是一个从上到下和一个由下至上表示量值关系的过程。例如，一支计量单位为毫米的尺子，通过国家计量基准层层传递到此计量器具上来，由此计量器具也完全可以溯源到国家计量基准上。而一支计量单位为尺、寸、分的"市制"的尺子，国家计量基准传递不到此计量器具上来，由此计量器具也溯源不到国家计量基准。因为它是国家废止的计量单位的尺子，因此比较链在此中断。

通过对测量仪器的校准或检定，将国家测量标准所实现的单位量值通过各等级的测量标准传递到工作测量仪器的活动，以保证测量所得的量值准确一致称之为量值传递。

量值准确一致是指：对同一量值，运用可测量它的不同计量器具进行计量，其计量结果在所要求的准确度范围内达到统一。

量值准确一致的前提是被计量的量值必须具有能与国家基准直至国际计量基准相联系的特征，亦即被计量的量值具有溯源性。

为使新制造的、使用中的、修理后的及各种形式的，分布于不同地区，在不同环境下测量同一种量值的计量器具都能在允许的误差范围内工作，必须逐级进行量值传递。

量值传递的目的就是为了确定计量对象的量值，为工农业生产、国防建设、科学实验、贸易结算、环境保护以及人民生活、健康、安全等方面提供计量保证。

量值传递在技术上需要严密的科学性和坚实的理论依据，并要有较完整的国家计量基准体系、计量标准体系；在组织上需要有一整套的计量行政机构、计量技术机构及其他有关机构；还要有一大批从事计量业务工作的专门人才。

计量溯源性是"通过文件规定的不间断的校准链，测量结果与参照对象联系起来的特性，校准链中的每项校准均会引入测量不确定度"。

计量溯源体系就是这条有规定不确定度的不间断比较链。

量值溯源等级图，也称为量值溯源体系表，它是表明测量仪器的计量特性与给定量的计量基准之间关系的一种代表等级顺序的框图。它对给定量及其测量仪器所用的比较链进行量化说明，以此作为量值溯源性的证据。

实现量值溯源的最主要的技术手段是检定和校准。

1. 计量检定

计量检定是指"查明和确认测量仪器符合法定要求的活动，它包括检查、加标记和或出具检定证书"。

检定具有法制性，其对象是法制管理范围内的计量器具。检定的依据是按法定程序审批公布的计量检定规程。《中华人民共和国计量法》规定："计量检定必须按照国家计量检定系统表进行。国家计量检定系统表由国务院计量行政部门制定。计量检定必须执行计量检定规程。国家计量检定规程由国务院计量行政部门制定。没有国家计量检定规程的国务院有关主管部门和省、自治区、直辖市人民政府计量行政部门分别制定部门计量检定规程和地方计量检定规程，并向国务院计量行政部门备案。"

检定必须依照计量检定规程进行。

2. 计量检定规程

计量检定规程是"为评定计量器具的计量特性，规定了计量性能、法制计量控制要求、检定条件和检定方法以及检定周期等内容，并对计量器具作出合格与否的判定的计量技术法规"。计量检定规程是计量器具检定工作的指导性文件，是计量检定人员在检定工作中必须共同遵守的技术依据，也是法制性的技术文件。它是在检定计量器具时，对计量器具的计量性能、检定条件、检定项目、检定方法、检定结果的处理、检定周期等内容所作的技术规定。检定规程分为：国家计量检定规程、部门计量检定规程和地方计量检定规程等三种。

当采用计量检定规程作为处理计量纠纷和索赔等方面的技术依据时，国家计量检定规程的效力高于部门的或地方的计量检定规程。地方计量检定规程是区域内处理跨部门的计量纠纷的主要依据。部门计量检定规程是处理部门纠纷的主要依据。

计量器具实行强制检定及非强制检定。

3. 石油工作用计量器具的检定

中华人民共和国计量法第九条规定："县级以上人民政府计量行政部门对社会公用计量标准器具，部门和企业、事业单位使用的最高计量标准器具，以及用于贸易结算、安全防护、医疗卫生、环境监测方面的列入强制检定目录的工作计量器具，实行强制检定。未按照规定申请检定或者检定不合格的，不得使用。实行强制检定的工作计量器具的目录和管理办法，由国务院制定。

对前款规定以外的其他计量标准器具和工作计量器具，使用单位应当自行定期检定或者送其他计量检定机构检定，县级以上人民政府计量行政部门应当进行监督检查。"作为石油工作用计量器具，很多是列入国家强制检定目录的石油计量器具，它主要属于贸易结算方面的计量器具。很显然，这种检定带有强制性。石油计量器具大多都是如此。你使用了符合这个条件而没有检定或者检定不合格的的计量器具，就是违法的。

列入国家强制检定目录的石油计量器具见表3-1。

表3-1　石油计量器具

器具名称	检定周期	规程编号
钢卷尺（测深钢卷尺、普通钢卷尺、钢围尺等）	一般为半年，最长不得超过1年	JJG 4—1999
工作用玻璃液体温度计	最长不超过1年	JJG 130—2011
工作玻璃浮计（密度计）	1年，但根据其使用及稳定性等情况可为2年	JJG 42—2011

器具名称	检定周期	规程编号
立式金属罐	首次检定不超过 2 年,后续检定 4 年	JJG 168—2005
卧式金属罐	最长不超过 4 年	JJG 266—96
球形金属罐	5 年	JJG 642—1996
汽车油罐车	初检 1 年,复检 2 年	JJG 133—2005
质量流量计	2 年(贸易结算的为 1 年)	JJG 897—95
液体容积式流量计(腰轮流量计、椭圆齿轮流量计等)	1 年(贸易结算及优于 0.5 级的为半年)	JJG 667—97
速度式流量计(涡轮流量计、涡街流量计等)	半年(0.5 级及以上);2 年(低于 0.5 级)	JJG 198—94
燃油加油机	以加油机使用情况而定,一般不超过半年	JJG 443—2006
非自行指示轨道衡	半年	JJG 142—2002
动态称量轨道衡	1 年	JJG 234—90
固定式杠杆秤	1 年	JJG 14—97
移动式杠杆秤	1 年	JJG 14—97
套管尺	1 年	JJG 473—95
液位计	一般不超过 1 年	JJG 971—2002
船舶液货计量舱	一般不超过 3 年,对于载重量 ≥ 3000t 的油船可延长至 6 年	JJG 702—2005

对除以上范围之外的检定为非强制检定。

非强制检定是指对强制检定范围以外的计量器具所进行的一种依法检定。今后大量的非强制的计量器具为达到统一量值的目的可以采用校准的方式。

4. 校准

校准是"在规定条件下的一组操作,其第一步是确定由测量标准提供的量值与相应示值之间的关系,第二步则是用此信息确定由示值获得测量结果的关系,这里测量标准提供的量值与相应示值都具有测量不确定度"。校准结果既可给出被测量的示值,又可确定示值的修正值;也可确定其它计量特性;其结果可以记录在校准证书或校准报告中。

校准的依据是校准规范或校准方法,可作统一规定也可自行制定。

校准和检定的主要区别如下:

(1)校准不具法制性，是企业自愿溯源的行为。

检定具有法制性，是属法制计量管理范畴的执法行为。

(2)校准主要用以确定测量器具的示值误差。

检定是对测量器具的计量特性及技术要求的全面评定。

(3)校准的依据是校准规范、校准方法，可作统一规定也可自行制定。

检定的依据必须是检定规程。

(4)校准不判断测量器具合格与否，但当需要时，可确定测量器具的某一性能是否符合预期的要求。

检定要对所检的测量器具作出合格与否的结论。

(5)校准结果通常是发校准证书或校准报告。

检定结果合格的发检定证书，不合格的发不合格通知书。

因为检定是属于法制计量范畴，其对象应该是强制检定的计量器具。所以，为实现量值溯源，大量的采用校准。实际上"校准"是大量存在着，在我国，一直没有把它作为是实现量值统一和准确可靠的主要方式，却用检定来代替它。这一观念正在转变，而且越来越多地为人们所接受，它在量值溯源中的地位将被确立。

> **提示：**
>
> 这一节从理论上阐述了计量器具的由来、要求及规范器具的方法，让我们认识计量器具，知道在使用计量器具之前还有着严格的检定要求。那些名词解释是要熟记的，只有这样我们才会加深印象。那些计量器具的检定期限也是要搞清楚的，要不然一不留神就使用了不合格的计量器具。

第二节　石油计量器具

石油计量器具主要包括：测深钢卷尺、丁字尺、量水尺、玻璃液体温度计、石油密度计、燃油加油机、流量计。

一、石油计量方法

石油计量方法包括人工计量和自动化计量。

(1)人工计量。散装油品的计量，以人工计量作为计量的基本方法，还常被采用作为对外贸易的一种交货手段。

①人工计量的特点。设备简单，便于操作，能取得较高的测量精度，目前油

罐(车)油品交接数量的认定，仍以人工操作所取得的数据为准。

②人工计量的步骤。油水总高、水高、计量温度、取样测量密度(试验温度)和大气温度，然后根据这些条件并借助容器容积表和中华人民共和国国家标准 GB/T 1885—1998《石油计量表》来计算出该容器内油品的质量。

③计量准确度。用人工测量的方法对容器内的液态石油产品作静态计量时，其结果准确度分别为：

卧式油罐 ± 0.7%；立式油罐 ± 0.35%；汽车罐车 ± 0.5%；铁路罐车 ±0.7%。

(2)自动化计量。自动化计量的特点是：设备复杂，成本较大，操作简单，使用方便，运算速度快，由于二次计量增大计量误差，但还是石油计量发展的方向。

(3)石油计量的分类。石油计量按目的分类为：交接计量、盘点计量、中间计量。

①为确定接收入库或发出库液体石油产品数量或在发生超溢耗需要提赔前进行复核而作的计量称交接计量。交接计量又分为外贸交接和国内交接两种。

②为盘点非动转油罐的存量或盘点以流量计发货后油罐存量而作的计量称盘点计量。

③大批量接收或发放油品时为了了解动转速度，控制油面高度，经过一定时间间隔对收(发)油油罐进行的计量称中间计量。

交接计量和盘点计量为全过程计量，中间计量为部分计量。

二、测深钢卷尺

1. 长度的基本概念

长度计量就是对物体几何量的测量，其主要任务是：确定长度单位和以具体的基准形式复制单位；建立标准传递系统和传递方法；正确使用计量器具，合理选择测量方法和确定测量精度。

长度计量的基本单位为"米"。

1792 年，法国人经过多年艰苦的测量和计算，把 1 米定为经过巴黎气象台的地球子午线的四千万分之一。这一长度单位是通过一根横截面为 25mm × 4.05mm 铂杆来具体体现的，它命名为"阿希夫尺"；又因为一直保存在巴黎档案馆内，又称为"档案馆米尺"。但这种米尺在比较时困难，端面易磨损以及端点的标志本身不明确，尺子测量轴的概念不明确，因此在 1785 年的国际米尺会议上，要求制造具有刻线的基准米尺。

1889 年国际权度局第一届国际计量大会接受了 31 支米尺，通过与阿希夫尺比较，NO6 尺的长度最接近，特定为国际长度基准，存放在巴黎国际计量局。其余由抽签方法分发给当时国际计量局各成员国，作为该国最高基准器。米原器为"X"状，为90%的铂和10%的铱合成。当时长度单位"米"的定义是："在0℃时，米尺左右两端光滑面上，两中间分划线间沿米尺测量轴的距离"。

1960 年国际第十一届计量大会对米给予新的定义：米的长度等于氪－86 原子的 $2P_{10}$ 和 $5d_5$ 能级之间跃迁的辐射在真空中的 1650763.73 倍波长。这个定义的修改：

(1)提高复精度几十倍，达 $\pm 3 \times 10^{-9}$；

(2)不存在稳定性问题；

(3)不怕损坏，复现容易；

(4)可直接用于传递。

1983 年10月第十七届国际计量大会上正式通过米的新定义：米是光在真空中在 1/299792458 秒的时间间隔内行程的长度。其精度为 10^{-11}。这在米制历史上，又大大前进了一步。

我国是能够通过光谱复现米的定义的为数不多的几个国家之一。

目前我国用于长度量值传递的基准装置，主要包括 633mm 碘稳频 He—Ne 激光器和拍频测量装置两部分。前者用来产生一频率(波长)稳定的激光辐射，后者则用于量值传递。

与石油计量密切相关的线纹尺属于几何量计算的一个部分。如散装油品计量用的测深钢卷尺、检水尺(量水尺)、检定油罐(车)用的钢围尺、钢板尺等。线纹尺是以尺面上的刻度或纹印间的距离复现长度。散装油品计量用钢卷尺属工作用计量器具，检定油罐用钢卷尺属标准计量器具，是国家列入强制检定目录的计量器具，必须经上一级计量标准检定合格后才能使用。

2. 技术要求

测深钢卷尺是测量液体深度的计量器具。测量罐内液体深度(液面高度)的目的，在于取得罐内油品在计量时温度下的体积，即 Vt。测深钢卷尺的主要结构为具有一定弹性的整条钢带，卷于金属(或塑料)材料制成的框架内。测深钢卷尺的尺端带有铜制的尺砣，它与尺带的连接一般为挂钩式的。

(1)测深钢卷尺由尺带、尺砣、尺架、手柄、摇柄、挂钩、轮轴组成。尺砣的下端平面为全尺的零点。

(2)测深钢卷尺的量程分别为 5m、10m、15m、20m、30m；其最小分度值为 1mm。

(3)允许误差，包括零值误差和任意两线纹间误差。零值误差是从尺砣的端部到 500mm 线纹处的误差，其允许误差为 $\pm 0.5mm$；

任意两线度间(指 500mm 以后)的允许误差,其 II 级为:

$$\Delta = \pm(0.3 + 0.2L)\,\text{mm}$$

式中:L 是以米为单位的长度,当长度不是米的整数倍时,取最接近的较大的整"米"数。

如标称值为 5m 的测深钢卷尺,500~5000mm 线度处其允许误差为:

$$\Delta = \pm(0.3 + 0.2 \times 5)\,\text{mm} = \pm 1.3\,\text{mm}$$

如标称值为 10m 的测深钢卷尺,500~10000mm 线度处其允许误差为:

$$\Delta = \pm(0.3 + 0.2 \times 10)\,\text{mm} = \pm 2.3\,\text{mm}$$

如标称值为 15m 的测深钢卷尺,500~15000mm 线度处其允许误差为:

$$\Delta = \pm(0.3 + 0.2 \times 15)\,\text{mm} = \pm 3.3\,\text{mm}$$

(4)检定周期:使用中的钢卷尺的检定周期,一般为半年,最长不得超过 1 年。

(5)依据检定规程为:中华人民共和国国家计量检定规程 JJG 4—1999《钢卷尺》。

3. 计量方法

在测量过程中,我们经常测量油水总高计量。所谓油水总高计量,就是通过测深钢卷尺或丁字尺计量或者计量后经过计算得出油罐内罐底至液面的高度。计量的这一高度可能为纯油高度,也可能从罐底至某一高度为水,以上则为油。确定罐内有无水,解决的方法是通过量水尺计量来确定。所以,统称为油水总高计量。计量油水总高的目的,是以这一计量高度通过查该油罐的容量表求得这一高度的液体容量值。

(1)实高测量法。实高测量法是通过测深钢卷尺直接测量实际液面的高度。

测量低黏度油品(如汽油、煤油、柴油)时,应使用测轻油钢卷尺;测量高黏度油品(如润滑油)时,应使用测重油钢卷尺。检尺前要了解被测量油罐参照高度和估计好油面的大致高度。

检尺前将油面估计高度的尺带上擦净,必要时涂抹试油膏(一种能清楚显示油品浸没高度的膏状物质)。一手握住尺手柄,另一手握住尺带,将尺带放入下尺槽或帽口加封处,让尺砣重力引尺下落。在尺砣触及油面时,放慢尺砣下降速度。尺砣距罐底 10~20cm 时再放慢下降速度,尺砣触底即提尺。提尺时间轻油尺砣触底即提,重油尺砣触底停留 3~5s 再提,然后迅速收尺、读数。由于全尺零点在尺砣底端,那么数字的排序是从下至上,由小到大。知道这个排序,就不会读错方向。读数从小到大,即毫米、厘米、分米、米。测量至少两次,两次测量结果不超过 ±1mm 且取数字小的数,超过重测。

（2）空高测量法。对于有底部障碍物或沉淀物的容器的液高测量以及对黏稠油品的液高测量，则采用空高测量法进行。空高测量法是测量油面主计量口上部基准点与液面之间的空间高度。测量空高的目的，还是为了得到油罐内油水总高时容量。

用测深钢卷尺测量检尺前要了解被测量油罐参照高度和估计好油面的大致高度。检尺前将尺带零位至 500mm 处擦试干净，必要时涂试油膏。一手握住尺手柄，另一手握住尺带，将尺带放入下尺槽或帽口加封处，让尺砣重力引尺下落。在尺砣触及油面时，放慢尺砣下降速度。下尺后尺带进入油面下 200mm 至 300mm 时即可在主计量口上部基准点读数，轻质油迅速提尺重质油停留 3~5s 再提尺并读液面浸没高度数。读数从小到大，即毫米、厘米、分米、米。测量至少两次，两次测量结果不超过 ±1mm 且取数字小的数，超过重测。

其计算公式为：

$$H_Y = H - (H_1 - H_2) \qquad\qquad (3-1)$$

式中　H_Y——油面高度；

　H——油罐参照高度；

　H_1——尺带零点至罐帽口高度读数；

　H_2——尺带浸没部分读数。

【例 3-1】某立式金属罐主计量口下尺点至罐底高 10000mm，测量罐内润滑油，测得 H_1 为 1835mm，H_2 为 310mm，求油面实际高度？

解：$H_Y = 10000 - (1835 - 310) = 10000 - 1525 = 8475mm$

答：该罐液高为 8475mm。

有时候由于油罐高，装油少，很难估计油面浸没高度。我们也可采取空高测量法先测得油面大致高度。方法如下：将测深钢卷尺下垂到油面，尺砣接触到油面自然会使油面产生圈圈波纹，这时，读 H_1，然后用 $H - H_1$，即可求得油面大致高度，再就可进行精确测量了。如某立式金属罐主计量口下尺点至罐底高 10000mm，测量罐内润滑油，测得 H_1 为 8864mm，则油面大致高度为 1000 - 8864 = 1136mm。

4. 计量注意事项

(1)测量油罐油品液高应在计量员呼吸平稳和油罐油品液面稳定的状态下进行。

(2)检尺部位。铁路罐车在罐体顶部人孔盖铰链对面处进行检尺。汽车罐车在罐体顶部计量口加封处。

立式金属罐、卧式金属罐均在罐顶计量口的下尺槽或标记处(参照点)进行检尺。

(3)液面稳定时间。收、付油后进行油面高度检尺时必须待液面稳定、泡沫消除后方可进行检尺,其液面稳定时间有如下规定:

对于卧式金属罐和罐车,轻油液面稳定15min;重油黏油稳定30min。

对于立式金属罐,轻油收油后液面稳定2h,付油后液面稳定30min;重质黏油收油后液面稳定4h,付油后液面稳定2h。

(4)新投用和清刷后的立式油罐应在罐底垫1m以上的油后,再进行收、付油品交接计量。

(5)浮顶罐的油品交接计量,应在浮顶起浮后进行量油,以避免收、付油前后浮顶状态发生变化产生计量误差。

(6)油品交接计量前后,与容器相连的管路工艺状态应保持一致。

三、丁字尺

1. 技术要求

丁字尺是检定汽车罐车容积和计量汽车罐车、铁路罐车中液面高度的工具之一,通过它测量罐车内液面的空间高度来计算出罐内装液的实际容量。丁字尺的量程一般为800mm。

丁字尺用铜或铝材制成,其结构由水平横梁和垂直直尺两部分组成。横梁的下端面呈水平,长度略大于汽车罐车帽口外直径。直尺与横梁垂直。直尺呈扁型或方形。直尺的零点在横梁的下端面处,示值自上向下递增。

2. 计量方法

测量时将丁字尺的直尺轻轻地伸入帽口直至液体内,将横梁轻轻地搁在帽口指定的检尺部位上(与测深钢卷尺检尺部位相同),任直尺浸入液体中。此时,液面至直尺零点之间的距离即为空间高度。由于丁字尺的零点位置与测深钢卷尺的零点位置恰恰相反,在横梁的下端面处,示值自上向下递增,我们读数也不能读错方向。读数还是从小到大,即毫米、厘米、分米、米。

其计算公式为;

$$H_Y = H - H_2 \tag{3-2}$$

【例3-2】将丁字尺置于某油罐车测量部位，线段刻度显示为152mm，该罐车容器总高1300mm，求油面实际高度？

解： $H_Y = 1300 - 152 = 1148$mm

答： 该罐液高为1148mm。

> **提示：**
> 确定油罐总高的前提下，采用这种方法测量如同以上的测空法一样，简单易行。但必须在零点位置下尺，因为这是油罐检定时确定的下尺点。

四、量水尺

1. 技术要求

量水尺是测量容器内水高的计量器具。其形状一般为圆柱形或方柱形。黄铜制造。刻度全长300mm，最小分度值1mm。质量约0.8kg。量水尺下端平面为全尺的零点。

量水尺是测量容器内水高的计量器具。水高计量的目的是以这一计量高度通过查该油罐的容量表求得这一高度的水的容量值。

2. 计量方法

在测量部位上，应与测油面高度是同一位置。即：铁路罐车在罐体顶部人孔盖铰链对面处进行检尺。汽车罐车在罐体顶部计量口加封处。立式金属罐、卧式金属罐均在罐顶计量口的下尺槽或标记处（参照点）进行检尺。

测量时，将量水尺擦净，在估计水位高度处，涂上一层薄薄的试水膏（一种遇水变色而与油不起反应的膏状物质），然后将量水尺徐徐下放到罐底，尺与罐底垂直，停留5~20s，然后提尺，在水膏变色与未变色界线处读取水位高度。由于量水尺下端平面为全尺的零点，这与测深钢卷尺数字的排序从下至上，由小到大一致。读数还是从小到大，即毫米、厘米。例如，用某量水尺涂上试水膏后对某油罐进行水高计量，取尺后在水浸没线读数为123mm，则本次水高计量数为123mm。

还有一种尺砣带线纹刻度的测深钢卷尺也可以测水，方法基本同量水尺操作。

另外，油罐每次收发后应测水，不动转罐每三天应测一次水位。

> **提示：**
> 无论是钢卷尺、丁字尺还是量水尺，在计量时，一定要沿着油罐检定时指定的下尺点下尺。否则，将会带来较大的误差。

五、玻璃液体温度计

1. 温度的基本概念

温度是描述系统不同自由度之间能量分布状况的基本物理量。温度是决定一系统是否与其它系统处于热平衡的宏观性质，一切互为热平衡的系统都具有相同的温度。

分子运动论以微观的角度来观察，温度是与大量分子的平均动能相联系，它标志着物体内部分子无规则运动的剧烈程度。

它的单位名称为开[尔文]，单位符号为 K，是国际单位中七个基本单位之一。

热平衡是指当物体吸收的热量等于放出的热量，物体各部分都具有相同的温度时，物体呈热平衡；或两个以及多个物体之间，通过热量交换，彼此都具有相同的温度时，物体间是热平衡。温度属于"内涵量"，国际单位制中其它六个物理量属于"广延量"，两者区分是"内涵量"不可以叠加，"广延量"可以叠加。温度与其它物理量相比，显得抽象和复杂些。

为了保证温度量值的统一和准确，应该建立一个用来衡量温度的标准尺度。温度的数值表示法，就称为温标。1967 年第十三届国际计量大会（CGPM）确定，把热力学温度的单位开尔文（K）定义为：水三相点热力学温度的 1/273.16。温度的高低必须用数字来说明，各种温度计的数值都是由温标决定的。由于温度这个量比较特殊，只能借助于某个物理量来间接表示。因此，温度的尺子不能像长度的尺子那样明显，它是利用一些物质的"相平衡温度"作为固定点刻在"标尺"上，而固定点中间的温度值则是利用一种函数关系来描述，称为内插函数（或称内插方程）。通常把温度计、固定点和内插方程叫作温标的三要素，或称为三个基本条件。从温标发展来看，有经验温标、热力学温标、国际温标。

借助于某种物质物理参量与温度变化的关系，用实验方法或经验公式构成的温标，称为经验温标，如摄氏、华氏、列氏温标等。经验温标的缺点是局限性和随意性。

目前石油计量采用的是摄氏温标即经验温标。它由瑞典科学家摄尔休斯 1742 年提出：规定在一个标准大气压下，水的凝固点为 0 度（叫做冰点），水的沸点定为 100 度。然后把 0 度和 100 度之间分成 100 等份，每一等份就叫做 1 摄氏度。再按同样分度大小标出 0 度以下和 100 度以上的温度。0 度以下的温度为负的。这种标定温度的方法叫摄氏温标。

用摄氏温标表示的温度叫摄氏温度。摄氏温度的每一刻度和热力学温度的每个刻度是完全一致的。

摄氏温标的单位叫摄氏度，摄氏度是国际单位制（SI）中具有专门名称的导出单位，其单位符号为"℃"。

摄氏温度与热力学温度之间的换算关系为：

$$t = T - T_0 \qquad\qquad (3-3)$$

式中　　t——摄氏温度；

　　　T——热力学温度

　　　T_0——水冰点的热力学温度，$T_0 = 273.15\text{K}$。

温度测量在散装成品油人工计量中，是一个不可缺少的项目。严格地说，没有温度相对应，油高和密度都是无效的。成品油温度是确定油高量值和密度量值的前提。

利用物质的某些物理性质随温度变化而变化而制成的计量器具为温度计。通常有体积、电阻、压力、热电势、辐射式温度计。石油计量用温度计大部分为体积式（膨胀式）温度计，它是根据物体随温度的变化而膨胀或收缩的原理制成的温度计。由于它价格便宜，使用简单，精度符合石油计量要求，因此，应用十分广泛。

石油计量用温度计属于国家强制检定的计量器具。

2. 技术要求

玻璃液体温度计是测量石油液体温度（计量温度、实验温度）的计量器具。石油计量用温度计大部分为体积式（膨胀式）温度计，它是利用感温液体在透明玻璃感温泡和毛细管的热膨胀作用来测量物体（液体）温度的温度计。

（1）玻璃液体温度计是一种可以直接测量和显示的最小分度值为0.2℃的玻璃棒式全浸式水银温度计，其测量范围通常为 -10 ~ 50℃。其结构包括感温泡、感温液体、主刻度、辅刻度、毛细管、安全泡。全长约300mm，外直径约7mm。

（2）玻璃液体温度计的数字下限靠近感温泡一端，数字的排序是从下至上，由小到大。

（3）玻璃液体温度计允许误差：量限为 -30 ~ 100℃的全浸式精密温度计，其示值允许误差为 ±0.3℃。

（4）检定周期：最长不得超过1年。

（5）依据检定规程为：中华人民共和国国家计量检定规程 JJG 130—2004《工作用玻璃液体温度计》。

3. 计量方法

石油温度计量，是指用玻璃液体温度计在油罐内玻璃量筒内进行的液体温度计量，它包括计量温度计量和实验温度计量。

测量油罐内液体计量温度的目的，在于通过此温度 t 以及结合标准密度 ρ_{20}、罐内油品在计量温度下的体积 V_t 查得石油体积系数 VCF 并求得石油标准体积 V_{20}。

测量玻璃量筒内液体试验温度的目的，在于通过此温度 t' 和视密度 ρ_t 查得标准密度 ρ_{20}。油罐、铁路罐车、汽车罐车等石油容器内石油液体温度的测量，按照中华人民共和国国家标准 GB 8927—88《石油和液体石油产品温度测定法》进行。

计量温度(t)指储油容器或管线内的油品在计量时的温度，℃。

试验温度(t')指在读取密度计读数时的液体试样温度，℃。

(1)石油计量温度的测量

容器内油品计量温度的测量，是将温度计置入充溢盒(保温盒)并浸入油中指定部位进行的。

①测量部位和位置

(a)测量部位。铁路罐车、汽车罐车从帽口加封处放温度计至罐内测温，立式油罐、卧式油罐从主计量口放温度计至罐内测温；

(b)测温位置。立罐油高 3m 以下，在油高 1/2 处测一点；油高 3～5m，在油品上液面下 1m、油品下液面界面上 1m 处共设两点，取算术平均值；油高 5m 以上，在油品上液面下 1m、油品 1/2 处和油品下液面界面上 1m 处共设 2 点，取算术平均值，如果其中有一点温度与平均温度相差大于 1℃，则必须在上部和中部测量点之间、中部和下部测量点之间各加测一点，取五点算术平均值。油船(驳)测温同立罐，但对装同一油品的油船(驳)要测量半数以上舱的温度。卧式油罐、铁路罐车、汽车罐车均在油高 1/2 处测量。测温顺序一般为先下后上。

②罐内测温最少浸没时间。石脑油、汽油、煤油、柴油以及 40℃时运动黏度小于等于 20mm²/s 的其他油品不少于 5min；原油、润滑油以及 40℃运动黏度大于 20mm²/s，100℃运动黏度低于 36mm²/s 的其他油品不少于 15min；重质润滑油、汽缸齿轮油、残渣油以及 100℃运动黏度等于或大于 36mm²/s 的其它油品不少于 30min。

③读数。装入充溢盒(俗名保温盒，一个容量至少为 200mL 的圆筒形容器，用以在装液后在取温和迅速提取读数的短暂时间内基本保持原来的温度)的温度计放入罐内一定位置并达到规定浸没时间后，迅速提起竖直读数，先小数后大数，估读到 0.1℃。为什么要迅速提起、从小到大读数呢？因为油品温度变化快，尤其罐车内外温差大时其水银液柱升降很快，因此加快速度才能读准数值。

④报告结果。测量罐内一点以上的油温，取算术平均值。

(2)石油试验温度的测量。油品试验温度的测量，是配合油品视密度一同进行的测量。将温度计悬挂在装有油品的玻璃量筒内测量并读取数据，悬挂位置不得靠近筒壁和筒底。其浸没时间、读数和报告结果同油品计量温度测量。

读数时，如果是透明液体，可直接透过玻璃量筒读数；如果是非透明液体或者看不太清时可将温度计稍提出浸没液体外，但不得超过温度计长的三分之一。

（3）测温操作注意事项

①计量温度测量至少距离容器壁 300mm。

②对加热的油罐车，应使油品完全成液体后，切断蒸汽 2h 测量计量温度，如提前测计量温度应在油高的 3/4、1/2、1/4 处测上、中、下 3 点油温，取其平均值。

③对油船或油驳内计量温度的测量，2 个舱以内应逐个测量；3 个以上相同品种的油，至少测量半数以上的油舱温度。若各舱计量温度与实际测量舱数的平均计量温度相差 1℃以上，应对每个舱作温度测量。

④充溢盒温度计的提拉绳应采用不产生火花的材料制成的绳和链。

提示：

油品温度的测量，要掌握两点：一是在指定的位置按照一定的时间要求浸泡后，要迅速读数。二是温度计置放的位置要在远离其他物体的纯油的位置。

六、石油密度计

中华人民共和国国家计量检定规程 JJG 42—2011 中把石油密度计称为浮计。

1. 密度的基本概念

密度是物质质量与其体积之比。密度是表现物质特征的一个重要物理量。

在同样的条件下，由不同的材料制成的具有相同体积的物质，它们的质量一定不等；相反，在相同的条件下，由不同材料制成的具有同样质量的物体，它们所占有的体积也不同。某种物质的质量越大，说明它在相同的体积内所含有的质量越多。密度、质量、体积三者之间的关系用下式表示：

$$\rho = m/V \tag{3-4}$$

式中　ρ——物质的密度；

　　　m——物质的质量；

　　　V——物质的体积。

液体和固体的密度主要取决于温度，也就是说密度是一个随温度变化的量。一般来说，同一物质，温度越高，密度越小，而体积越大，但质量不变；温度越低，则密度越大，体积越小，其质量不变。所以常在 ρ 的右下角下标以密度测定时的温度。例如 $\rho_{20} = 0.7300\mathrm{g/cm^3}$ 表示的是温度 20℃的密度值为 0.7300g/cm³。

密度在石油计量方面有非常重要的作用。按规定，我们把测得的视密度换算到标准密度(20℃)状态，然后与同温下体积(20℃)相乘，得出油品质量。根据量值传递的原理和目前科技发展的水平，确定物体质量的基本方法是使用砝码进行平衡比较(使用天平、弹性机构或压力传感物质)。当使用砝码"称"油品重量时，因油品体积比与之质量相当的砝码的体积大得多，油品将受到额外的空气浮力影响，这使得与之比较的砝码只需要比油品小一些的质量就可以与该油品平衡了。这个用砝码衡量的质量，被称为"空气中的质量"、"空气中的重量"或"商业质量"。换算标准密度的油品标准密度换算表，所列数据均为其在真空中数据，所以计算油品质量时应减去空气中的重量。在油量计算中，为了修正这个因空气浮力而对油品数量计算产生的影响，国家规定采用空气浮力修正值的方法。这个空气浮力修正值为一常数，即 0.0011g/cm^3。应该说明，空气浮力修正值随温度和密度的变化而不同，只有当 $\rho_{20} = 0.6785 \text{g/cm}^3$ 时，其空气浮力修正值才是 0.0011g/cm^3。当大于 $\rho_{20} = 0.6785 \text{g/cm}^3$ 时，其油品的计算结果都比真正的结果偏小，尽管误差为十万分之几。所以，空气浮力修正值是一个近似值。

密度属于力学计量的范畴。

2. 技术要求

石油密度计是测量石油(原油、轻质成品油、润滑油)密度的计量器具。浮计是液体密度计、浓度计的总称。它根据阿基米德定律制造，即当浮计在液体中平衡时，它所排开的液体重量等于浮计本身的重量。这样，由其浸没于液体中的深度，即可由标尺直接得到液体密度、相对密度或浓度。

(1)石油密度计由压载室、躯体、干管和置于干管的标尺组成。躯体是圆柱体的中空玻璃管，其压载室部分封闭，以便密度计重心下降，使密度计在液体中垂直地漂浮，并且处于稳定平衡状态。

(2)石油密度计的数字上限靠近躯体、压载室一端，数字的排序是从上至下，由小到大。

(3)石油密度计几个主要指标见表3-2。

表3-2 密度计技术要求

型号	单位	密度范围	每支单位	刻度间隔	最大刻度误差	弯月面修正值
SY-02	kg/m³ (20℃)	650~1100	20	0.2	±0.2	+0.3
SY-05		650~1100	50	0.5	±0.3	+0.7
SY-10		650~1100	50	1.0	±1.0	+1.4

注：浮计示值的最大允许误差，除分度值为 0.5kg/m³ 的石油密度计为 ±0.6 个分度值外，其它均不得大于 ±1 个分度值。

检定周期：工作浮计检定周期为 1 年，但根据其使用及稳定性等情况可为 2 年。

3. 计量方法

石油密度计量是指用油罐取样器或其他取样器具按规定在油罐（或管道）内取得油样后倒入玻璃量筒内用石油密度计和玻璃液体温度计进行的液体密度计量。石油密度计量的目的，在于测得视密度并通过此密度 ρ_t' 查得标准密度 ρ_{20}。石油液体的手工取样应严格按照中华人民共和国国家标准 GB/T 4756—1998《石油液体手工取样法》执行；石油密度计量应严格按照中华人民共和国国家标准 GB/T 1884—2000《原油和液体石油产品密度实验室测定(密度计法)》执行。

视密度(ρ_t')是指在试验温度下，玻璃密度计在液体试样中的读数，kg/m^3 或 g/cm^3。

标准密度(ρ_{20})是指在标准温度 20℃下的密度，kg/m^3 或 g/cm^3。

(1)石油液体手工取样

①取样工具的技术条件

(a)取样器的材质应以铜、铝或与铁器撞击不产生火花的其它合金材料制成。

(b)取样器的自身重量应足以排出液体重量而自沉于石油液体中。

(c)取样器必须是密闭的，塞盖要严密，松紧适当，在非人为打开盖塞的情况下，油品不得渗进采样器内。

(d)取样器上禁止使用化纤与塑料绳，以及不导电易产生火花的材料，以免摩擦起火。

(e)取样器应清洁干燥，容量适当，有足够的强度。

②取样部位见表3-3。

表3-3　取样部位

	容器名称	取样部位	取样份数	取样容器数
均匀油品	立罐液面 3m 以上，油船舱(每舱)	上部：顶液面下 1/6 处 中部：液面深度 1/2 处 下部：顶液面下 5/6 处	各取一份按等体积 1:1:1 混合成平均样	油船舱 2~8 个取 2 个，9~15 个取 3 个，16~25 个取 5 个，26~50 个取 8 个
	立罐液面低于 3m，卧罐容积小于 60m³，铁路罐车(每罐车)	中部：液面深度 1/2 处	各取一份	原油龙车 2~8 个取 2 个，9~15 个取 3 个，16~25 个取 5 个，26~50 个取 8 个
非均匀油品	立罐	出口液面向上每米间隔取样	每份分别试验	

③取样方法及操作注意事项:

(a)取样时,首先用待取样的油品冲洗取样器一次,再按照取样规定的部位、比例和上、中、下的次序取样。

为什么按照上、中、下的次序取样呢?因为按照这个顺序不会破坏以下的油层。它与测量油温的次序相反。记住了这一个,另一个就好记了。

(b)试样容器应有足够的容量,取样结束时至少留有10%的无油空间(不可将取满容器的试样再倒出,造成试样无代表性)。

(c)试样取回后,应分装在两个清洁干燥的瓶子里密封好,供试样分析和提供仲裁使用。贴好标签,注明取样地点、容器(罐)号、日期、油品名称、牌号和试样类型等。

(2)石油密度计量。在石油计量密度时,试验温度应在容器中计量温度±3℃范围内测定。同时,环境温度变化,应不大于2℃。将均匀的试样小心地倾入玻璃量筒中,将温度计插入试样中并使温度计保持全浸且不接触筒壁和筒底,再将清洁、干燥、大体适应试样密度范围的石油密度计轻轻地放入试样中,待达到平衡让其自由地漂浮并注意不弄湿液面以上的干管。再将密度计按到平衡点以下1～2mm,并让它回到平衡位置,观察弯月面形状,先使眼睛稍低于液面的位置慢慢地升到表面,读取液体下弯月面与密度计刻度相切的那一点,估读到0.0001g/cm^2。先读小数,然后再读大数。有些初学者记不住数字的排序是从上至下,由小到大,往往搞错。我们不妨来个形象记忆法。上面的干管小些,数字就小些;下面躯体大些,数字也就大些。尽管这是风马牛不相及的事,但也管用。

如果试样是不透明液体,则使眼睛稍高于液面的位置观察,读取液体上弯月面与密度计刻度相切的那一点,也同样估读到0.0001g/cm^3,先读小数,然后再读大数。与此同时,读取温度计示值,估读到0.1℃。第一次读数完成后,又稍稍提起密度计,然后放下处于平衡,进行密度、温度的第二次读数。连续两次测定的温度读数不应超过±0.5℃,否则应重新测定。

还应该注意,读取视密度示值和试验温度示值的顺序是先读视密度示值,再读试验温度示值,以免破坏液面影响视密度示值读取。

提示:

本节的密度计量分为两个方面:一是取样。一定要严格地按取样部位取样。如果取样不准确,那么就没有代表性,其结果自然是错误的;二是在量筒里计量,也同样要小心,试样要干净,器具(包括温度计)不接触远离试样的物体,读数要迅速、准确。一个综合试样,代表了整个油罐成百到千甚至上万吨油品的质量。如果在这一关上把关不严,那计量结果将差之毫厘谬以千里。

附：含水测定

1. 原油含水量测定

原油含水量测定的操作要符合 GB/T 8929—88《原油水含量测定法(蒸馏法)》中的规定。

(1)测定方法概述。在采取的试样中,用量筒取出规定的试样量(也可直接在蒸馏烧瓶中称量),加入与水不混溶的溶剂 400mL(用二甲苯作溶剂,包括冲洗量筒壁残留样的溶剂),在回流的条件下加热蒸馏。冷凝下来的溶剂和水在接受器中连续分离,水沉降到接受器中,溶剂返回到蒸馏烧瓶中,读出接受器中水的体积。

(2)试剂和仪器。二甲苯:符合 HG3 - 101《二甲苯》,化学纯或 GB 3407《石油混合二甲苯》的 5℃石油混合二甲苯的要求规定。把 400mL 溶剂放在蒸馏仪器中进行试验,确定溶剂空白。

(3)水含量计算。试样中的水含量 X_1(体积%)或 X_2(重量%)分别按下式计算:

$$X_1 = (V_1 - V_2)/V \times 100 \tag{3-5}$$
$$X_2 = (V_1 - V_2)/m \times 100 \tag{3-6}$$

式中　V_1——接受器中水的体积,mL;

　　　V_2——溶剂空白试验水的体积,mL;

　　　V——试样的体积,mL;

　　　m——试样的重量,g。

原油水含量取两个连续测定结果的算术平均值。二甲苯溶剂极易燃,其蒸气有毒,全部试验仪器应严密,操作应远离火源。详细操作见 GB 8929—88《原油水含量测定法(蒸馏法)》。

本章所涉及的计量方法(包括计量器具、仪器、配套辅助设备)和现场操作以及计量员的着装都应遵守有关防火、防爆、防静电的安全规定。

2. 石油产品的水分测定

石油产品的水分测定操作应符合 GB/T 260—77《石油产品水分测定法》中的规定。

测定石油产品水分,采用水分测定器,将一定量的试样均与无水溶剂混合,进行蒸馏,测量其水含量,用百分数表示。

(1)仪器和材料。水分测定器包括 500mL 的圆底烧瓶一个、接受器和 250 ~ 300mm 直管式冷凝器。水分测定器的各部分连接处,用磨口塞或软木塞连接。接受器的刻度在 0.3mL 以下设有 10 等份的刻线;0.3 ~ 1.0mL 设有 7 等份的刻线;1.0 ~ 10mL 之间每分度为 0.2mL。

试验用的溶剂是工业溶剂油或直馏汽油在80℃以上的馏分，溶剂在使用前必须脱水和过滤。

(2)测定方法和含水量计算。向圆底烧瓶中称量100g摇匀的试样，用量筒取100mL溶剂倒入圆底烧瓶中，再投入一些无釉瓷片、浮石或毛细管，将水分测定器严格按要求安装好，并保持仪器内壁干燥、清洁。

用电炉或洒精灯小心加热圆底烧瓶，控制回流速度，使冷凝管每秒钟滴2~4滴液体。当接受器中水的体积不再增加，而且上层完全透明时，停止加热。将冷凝器内壁的水滴完全收集于接受器中，读出接受器中收集水的体积。试样中水分质量百分含量 X，按下式计算：

$$X = V \times \rho_水 / G \times 100 \qquad (3-7)$$

式中　V——接受器中收集水的体积，mL；

　　　$\rho_水$——接受器中收集水的密度，g/cm^3。

　　　G——试样的重量，g；$G = V_{试样} \times \rho_{试样}$。

试样中水分体积百分含量 Y，按下式计算：

$$Y = V / G / \rho_{试样} \times 100 \qquad (3-8)$$

测定二次，其结果不应超过接受管的一个刻度，取二次的算术平均值作为试样的水分。

【例3-3】在石油水含量测定时，已知向仪器中注入100mL试样，其 $\rho_{试样} = 0.8000g/cm^3$，$\rho_水 = 1.0000g/cm^3$，实验后收集水5mL，问该试样水分质量百分含量和水分体积百分含量各是多少？

解： $X = (5 \times 1) / (100 \times 0.8000) \times 100 = 6.25$

　　　$Y = 5 / (100 \times 0.8000) / 0.8000 \times 100 = 5.00$

答： 该试样水分质量百分含量和水分体积百分含量各是6.25和5.00。

七、其他计量器具

1. 燃油加油机

燃油加油机是为机动车加注燃油的一种测量装置，它包括液体容积流量计、测量变换器、计数器、指示装置、辅助装置、调整装置、预置装置和附加装置等。燃油加油机是加油站的主要计量器具，也是部分汽车油罐车收发油品的计量器具之一。其基本功能，首先是为机动车辆添加燃油，同时对所加燃油进行计量，以便进行贸易结算。在计量方法上，它属于动态计量。燃油加油机属强制检定的计量器具。

(1)加油机的工作原理。加油机的工作原理为：燃油加油机在电机的作用下启动油泵，由于油泵的抽吸作用，使油罐内的燃油通过与燃油加油机连接的油管进入油泵，然后进入油气分离器排出影响计量的气体再经计量器计量，此时一方面燃油通过视油器及加油枪进入受油容器，另一方面计量器指示加油机计数装置记载并显示输出燃油的数量及其它数字直至这一过程结束。

（2）加油机的准确度。加油机的准确度为 ±0.3% ，其重复性不超过 0.15% 。

（3）加油机的检定周期。检定周期视加油机使用情况而定，一般不超过半年。

（4）依据的检定规程为中华人民共和国国家计量检定规程 JJG 443—98《燃油加油机》。

（5）加油机计量。指用燃油加油机向受油容器内注油的计量。燃油加油机计量的目的，在于通过计量这一手段保证注入受油容器的石油的准确度在允许误差范围内。

①定量加油。在燃油加油机面板的键盘上置入顾客要求加入的石油的数量或者金额，提起燃油加油机托架开关上的加油机油枪，打开油枪手柄开关开始加油，加油机计数器滚动计数。加入的石油的数量或者金额达到先前置入的数量和金额，油枪手柄开关自行关闭，加油过程停止，加油机计数器停止滚动计数并显示在最终的油量和金额上。

②非定量加油。提起燃油加油机托架开关上的加油机油枪，打开油枪手柄开关，加油过程开始进行，加油机计数器滚动计数。油枪的手柄开关关闭，加油过程停止。加油机计数器停止滚动计数并显示在最终的油量和金额上。

（6）计算

【例 3 – 4】某加油站加油员用 1 号加油机为客户加汽油，当次汽油单价为 5.50 元/L，加油机在 t_J℃下指示的体积值（加油机计数器体积显示值）为 52.80L，问客户应付多少金额？

解：

应付金额计算公式：

$$P_C = V_J \times P_U$$

式中　P_C——应付金额，元；

　　　　V_J——加油机在 t_J℃下指示的体积值，L；

　　　　P_U——油品的单价，元/L。

依据公式代入数据

$P_C = 52.80 \times 5.50 = 290.40$ 元

答：该客户应付金额 290.40 元。

【例 3 – 5】某加油站加油员用 2 号加油机为客户加柴油，当次柴油单价为 5.30 元/L，客户要求加价值 200 元的柴油，问加油机在 t_J℃下指示的体积值（加油机计数器体积显示值)为多少升?

解： $V_J = 200/5.30 = 37.74L$

答： 加油机在 t_J℃下指示的体积值(加油机计数器体积显示值)为37.74L。

(7)校验。加油机校验是指用标准量器对加油机容量进行比对的过程,其目的是了解加油机发油的准确程度。有关例题在第一章已举,不再复述,但要注意泄漏量。由于加油机容积式流量计元件之间的不接触,导致缝隙的产生,从而在最大流速和最小流速时一部分油未经计量就从缝隙中流出,导致校验的不准。因此应在中速且匀速状态下进行。

其实,这个原理许多老婆婆也懂,你看她们把水龙头稍稍拧开一点,水表的指针不动,水却在往下滴。

2. 流量计

流量计是测量流量的器具,通常由一次装置和二次装置组成。

一次装置指产生流量信号的装置。

二次装置指接受来自一次装置的信号并显示、记录、转换和(或)传送该信号以得到流量值的装置。

流量计能指示和记录某瞬时流体的流量值,累积某段时间间隔内流体的总量值,可以测量体积流量或质量流量。这里所说的流量计,是指以石油作为介质的流量计。它是油库重要的计量器具。许多汽车油罐车上也装有这一装置。

(1)按流量计的结构原理分类有:

①容积式流量计。利用机械测量元件把流动的液体连续不断地分割(隔离)成单个的体积部分,以计量液体总体积的流量计称为液体容积式流量计。

包括:椭圆齿轮流量计、腰轮流量计、刮板流量计、旋转活塞流量计、往复活塞流量计、圆盘流量计、螺杆流量计等。

②速度式流量计。以各种物理现象直接测量封闭管道中满管流的液体流动速度,再进一步计算出流体流量的流量计称为速度式流量计。

主要包括:涡轮流量计、涡街流量计、旋进旋涡流量计、超声波流量计。

③质量流量计。质量流量计是用于计量流过某一横截面的流体质量流量或总量的流量计。石油用质量流量计为液体流量计,主要为科里奥利力式质量流量计。

(2)影响流量计准确性的因素

压力、黏度、温度、流量、空气、介质、磨损。

(3)检定周期。用于贸易结算的及使用条件恶劣的优于0.5级的容积式流量计,其检定周期一般为半年;0.5级速度式流量计其检定周期为1年;用于贸易结算的质量流量计其检定周期一般不超过1年。

（4）依据的检定规程分别为：中华人民共和国国家计量检定规程 JJG 667—1997《液体容积式流量计检定规程》；中华人民共和国国家计量检定规程 JJG 198—1994《速度式流量计检定规程》；中华人民共和国国家计量检定规程 JJG 897—1995《质量流量计检定规程》。

（5）流量计计量是指用流量计向受油容器内注油的计量。流量计计量的目的，在于通过计量这一手段保证注入受油容器的石油的准确度在允许误差范围内。工作用流量计计量允许误差为 ±0.5%。

3. 液位计

（1）液位计的作用与组成。液位计是工业过程测量和控制系统中用以指示和控制液位的自动化仪表。在许多油库、加油站已经安装了液位计。

液位计按功能可分为基地式（现场指示）和远传式（远传显示、控制）两大类。远传式液位计，通常将现场的液位状况转换成电信号传递到需要监控的场所，或用液位变送器配以显示仪表达到远传显示的目的；液位的控制通常用位式控制方式来实现。

石油容器计量的自动化仪表主要是液位计。液位计通常由传感器、转换器和指示器三部分组成。具有控制作用的液位计，还有设定机构。

（2）液位计分类。液位计按工作原理制造分类：

①浮力液位测量原理，如浮筒液位计。

②浮子液位测量原理，如磁翻转液位计。

③浮标和缆索式液位测量原理，如浮子式钢带液位计。

④压力液位测量原理，如深度液位计。

⑤超声波、微波液位测量原理，如超声波液位计。

⑥伽马射线液位测量原理，如伽玛射线液位计。

⑦电容液位测量原理，如电容式油罐液位计。

⑧电导液位测量原理，如电导式液位计。

（3）计量性能要求

①示值误差

液位计示值的最大允许误差有两种表示方式：

（a）示值的最大允许误差为 $\pm(a\% FS + b)$

其中 a 可以是 0.02、(0.03)、0.05、0.1、0.2、0.5、2.0、2.5；FS 为液位计的位量程，cm 或 mm；b 为数字指示液位计的分辨力，cm 或 mm。模拟指示液位计 $b=0$。

（b）示值的最大允许误差为 $\pm N$

其中：N 为直接用长度单位表示的最大允许误差，cm 或 mm。

②回差。液位计的回差应不超过示值最大允许误差绝对值。其中，反射式和压力式液位计的回差应不超过示值最大允许误差绝对值的二分之一。

③稳定性。具有电源供电的液位计连续工作 24h，示值误差仍符合要求。

④液位信号输出误差。具有变送器功能的液位计，输出误差应不超过输出量程的 $\pm c\%$。

其中：c 可以是 0.2、0.5、1.0、1.5、2.0、2.5。

⑤设定点误差。具有位式控制的液位计，其设定点误差限为 $\pm \alpha'\% FS$（或 $\pm N'$）。

其中 α'——可以是 0.1、0.2、0.5、1.0、1.5、2.0、2.5；

N'——直接用长度单位表示的设定点误差限，cm 或 mm.

⑥切换差。具有位式控制的液位计，切换差应不超过设定点误差限绝对值的 2 倍。

⑦外观。

⑧主电源变化影响、环境温度影响、共模干扰影响、工频磁场抗扰度性能、静电放电抗扰度性能、射频电磁场辐射抗扰度性能、电快速瞬变脉冲群抗扰度性能、电压暂降短时中断抗扰度性能、耐压及密封性、绝缘电阻、绝缘强度、运输储存适应性和防爆性能等应符合相关标准的规定。

（4）检定周期。一般不超过 1 年。也可根据使用环境条件、频繁程度和重要性来确定。

（5）依据的检定规程为：中华人民共和国国家计量检定规程 JJG 971—2002《液位计》。

4. 罐类计量器具

罐类计量器具在石油计量中占主体位置，它包括立式金属油罐、卧式金属油罐、汽车罐车、铁路罐车等。由于叙述的内容多，我们在另外章节进行讲叙。

提示：

本节具体讲叙了石油计量的部分计量器具的要求和使用方法。必须严格地按照要求去操作和计算。这是石油计量的开始，是决定某项计量结果准确与否的关键，更是油品最终结果的其容量、质量准确与否的关键。

第四章　油品容量计算

编者按:

　　本章按容量的概念、汽车油罐车油罐容量表、铁路油罐车容积表、油船油罐容量表、卧式金属油罐容积表、立式金属油罐容量表等编写。

　　不用说,"表"是本章的重点。首先要会看表,其次要会查表,再要仔细计算表。须知,石油计量的最终结果要精确到"升"或者"千克"。查表、计算表的过程中一丁点不小心,将会导致这次计量结果的不准确。

第一节　容量的基本概念

　　容量是"容器在一定条件下可容纳物质数量(体积或质量)的多少"。容量计量就是用量器对各种液体进行体积数量的测量。有时我们用到"容积"这个名词,指的是"容器内容纳物质的空间体积",两者区别点在于"实"与"虚"。

　　人们知道,液体是无形的,它可以装入任何容器。你把它装在杯子里就是杯形,装在盆子里就是盆形。如果我们将固体的量器(如罐车、船舱)的体积测量并计算出来,将液体装入其中,也就得到了这个液体的容量。

　　在计算液体的数量时,如果再考虑它的密度 ρ 的话,那么它的质量 m 可用下式求出:

$$m = V \times \rho \tag{4-1}$$

　　由此可知,为了测量液体的体积,主要依靠测量准确的容器。所以,容量计量的经常性工作是测量容器的容积。容量在国际单位制中是由长度基本单位"米"导出来的导出单位,即立方米(m^3)和与倍数或分数单位结合而成的 dm^3、cm^3 等。另外国际单位制规定允许并用的单位有升(L)。历史上升的定义由质量单位定义,即:一升是一千克纯水在标准大气压和最大密度时的容积,与立方分米之间的关系是:

$$1L = 1dm^3$$

在石油容量计算中，我们还经常用到标准体积、非标准体积和体积修正系数的概念，它们的含义是：

（1）标准体积（V_{20}）：在标准温度20℃下的体积，m^3、dm^3。

（2）非标准体积（V_t）：任意温度下的体积，m^3，dm^3。

（3）体积修正系数（VCF）：石油在标准温度下的体积与其在非标准温度下的体积之比。即：

$$VCF = V_{20} / V_t$$

第二节　汽车油罐车油罐容量计算

汽车油罐车是公路运输液体石油化工产品的特种专用车。规则的汽车油罐车由专门设备制造厂生产。目前我国汽车油罐车容量一般为 $5m^3$、$8m^3$、$10m^3$、$15m^3$。不规则的汽车油罐车也可由有关相应技术条件和生产许可证的单位制造安装，其容量范围一般为 $2～30m^3$。它还兼有计量工具的功能。

汽车油罐车由油罐、汽车车身（包括车架、底盘、发动机）和附属设备三部分组成。油罐罐体形状是根据公路运输燃料油的流动性特点，结合车型等设计制造的，一般为椭圆形罐体，也可根据用户特别要求制造，罐体用 $4～13mm$ 厚的钢板焊接制成，罐体顶部有帽口（人孔），底部有进、出油管和阀门等。

汽车油罐车技术要求如下：

汽车油罐车的罐体应无渗漏、罐内洁净，罐体上的呼吸阀、人孔、垫圈、放油管、放油阀、排污阀、接地线以及油泵和灭火器等附属设备应齐全完好，汽车油罐车的设计、制造、安装和使用均应符合易燃易爆石油化工产品的安全规定。

汽车油罐车油罐通过检定取得容量表。汽车油罐车按照中华人民共和国 JJG 133—2005《汽车油罐车容量》计量检定规程进行。检定周期为：初检 1 年，复检 2 年。每检定一个独立的油罐编制一份容量表。

汽车油罐车容量表有如下两类形式。

一、以每厘米为间隔给定容量值的容量表

检定时把油罐分成若干个以厘米为单位的矩形体，以割补法计算出该矩形体的容量。然后，从计量基准点起由下至上累加各矩形体的容量。液体装入容器后，当测得高度为表载值时，取表载值为该高度时的容积值；当测得高度不为表载值时，按比例内插法计算出该高度时的容积值。

该类又分为：

(1)实高表(见表4-1)。

表4-1 汽车油罐车容量表(实高表)

车号2		下尺点总高1325mm		帽口高269mm		内竖直径1052mm	
高度/cm	容量/L	高度/cm	容量/L	高度/cm	容量/L	高度/cm	容量/L
1	79	89	9953	96	10305	103	10547
2	157	90	10012	97	10348	104	10562
3	236	91	10067	98	10382	105	10577
4	314	92	10118	99	10416	106	10592
5	393	93	10167	100	10450	107	10607
6	472	94	10215	101	10483	108	10623
7	550	95	10261	102	10515	109	10638

【例4-1】1号汽车油罐车装汽油一车，测得油水总高1076mm，水高28mm，试求装车容量。

解：

公式：$V_t = V_2 + \dfrac{V_1 - V_2}{H_1 - H_2}(H_测 - H_2)$

式中　V_t——实际容量；

V_2——容量表高度低位相对应的容量；

V_1——容量表高度高位相对应的容量；

H_2——容量表高度低位；

H_1——容量表高度高位；

$H_测$——实际测量液面高度。

①求 $V_{t总}$

$$V_{t总} = 10607 + \frac{10623 - 10607}{1080 - 1070}(1076 - 1070) = 10616.6L$$

②求 $V_{t水}$

$$V_{t水} = 157 + \frac{236 - 157}{30 - 20}(28 - 20) = 220.2L$$

③求 $V_{t油}$

$$V_{t油} = 10616.6 - 220.2 = 10396.4 \approx 10396L$$

答：该车装油10396L。

这里用上了比例内插法。当液高在 1080mm 时容量是 10623L；当液高在 1070mm 时容量是 10607L；在相隔的这 10mm 中的容量是 16L。而测得的油水总高 1076mm，则：尾数量 $1.6 \times 6 = 9.6L$，实际量为 10616.6L。

凡属这类容量表，如还有简明铁路罐车容积表(V_l)、特种罐车容积表、卧式金属罐容积表，分母之差总为 10，熟练后，求 $V_{t总}$，我们可以这样按计算器按键：23、－、7、*、8、＋、10607、＝(10619.8)。这样手脑并用，并掌握操作技巧，加快了运算速度。其他亦如此类推。

（2）空高表（见表 4-2）。

表 4-2 汽车油罐车容量表（空高表）

车号 3		下尺点总高 1608mm		帽口高 201mm		内竖直径 1403mm	
高度/cm	容量/L	高度/cm	容量/L	高度/cm	容量/L	高度/cm	容量/L
108	52	41	8720	34	9076	27	9288
107	105	40	8779	33	9117	26	9312
106	157	39	8834	32	9151	25	9330
105	209	38	8887	31	9184	24	9348
104	262	37	8938	30	9216	23	9367
103	314	36	8988	29	9240	22	9385
102	366	35	9034	28	9264	21	9403

【例 4-2】2 号汽车油罐车运输 0 号柴油一车，用钢卷尺测得高度数据：尺带对准计量口上沿基准点读数为 587mm，尺带浸没点 213mm，求装油量。

解：

①求空高

$$H_{空} = 587 - 213 = 374 \text{mm}$$

②求实际装油量

$$V_t = 8938 + \frac{8887 - 8938}{380 - 370}(374 - 370) = 8917.6 \approx 8918 \text{L}$$

答：该罐装油 8918L。

提示：

以上实高表按测实法测得的液高查容量表，空高表按测空法测得的空高查容量表。但无论哪种测量法查哪种容量表，查得的都是该液体的容量。当实高越大时，它装液的容量越多。当空高越大时，它装液的容量则越少。

二、以每次的检定量为间隔给定容量值的容量表

检定时以每次的检定量为间隔，分成若干个矩形体，以割补法计算出该矩形体的容量。然后，从计量基准点起由下至上累加各矩形体的容量。按其每毫米的容量计算。

该类也分为：

(1)实高表(见表4-3)；

表4-3　汽车油罐车容量表(实高表)

单　　位					车　　号		4	罐　　号	
标称容量	11000	总　　高		1365	帽口高		269	钢板厚	4
97%　量	10670	内竖直径		1092	计量单位		高度 mm、温度 ℃、容量 L		
序号	实高	空高	每 mm 容量	累计容量	序号	实高	空高	每 mm 容量	累计容量
1	140	1225	7.86	1100	15	762	603	10.01	9338
2	250	1115	10.08	2209	16	773	592	9.09	9438
3	340	1025	12.32	3318	17	784	581	9.09	9538
4	429	936	12.42	4423	18	796	569	9.00	9647
5	490	875	18.04	5523	19	809	556	7.69	9747
6	550	815	18.34	6624	20	823	542	7.14	9847
7	586	779	14.01	7128	21	839	526	6.25	9947
8	624	741	13.16	7628	22	856	509	5.88	10047
9	663	702	13.06	8137	23	876	489	5.05	10148
10	701	664	13.16	8637	24	897	468	4.76	10248
11	717	648	12.50	8837	25	920	445	4.35	10348
12	734	631	11.77	9037	26	949	416	3.41	10447
13	743	622	11.23	9138	27	980	385	3.23	10547
14	752	613	11.11	9238	28	1046	319	1.52	10647

计算公式：

计量容量 = 前累计容量 + (计量高度 − 前止点高度) × 计量高度区每 mm 容量。

【例4-3】验3号汽车油罐车汽油一车，用钢卷尺测得油高 975mm，求装油量。

解：

公式：

$$V_t = V_累 + (H_测 − H_止) \times V_毫$$

式中　$V_累$——容量表前累计容量；

　　　$H_测$——计量高度；

　　　$H_止$——容量表前止点高度容量；

$V_{毫}$——容量表计量高度区每 mm 容量。

知 975mm 在 949～980mm 之间，则

$$V_t = 10447 + (975 - 949) \times 3.23 = 10530.98 \approx 10531L$$

答：该罐装油 10531L。

提示：

这样的计算比比例内插法还要简单。熟练后，根本不需要列式，拿起计算器按键：75、−、49、×、3.23、+、10447、=（10530.98）。

注意的是：测实表括号内是计量高度减前止点高度。每 mm 容量是指累计容量下一行的每 mm 容量，千万不要乘以累计容量同一行的每 mm 容量。

（2）空高表（见表 4-4）。

表 4-4　汽车油罐车容量表（空高表）

单　位					车　号		5	罐　号		4
标称容量	9706	总　高		1285	帽口高		201	钢板厚		4
97%量	9415	内竖直径		1080	计量单位		高度 mm、温度 ℃、容量 L			
序号	空高	实高	每 mm 容量	累计容量	序号	空高	实高	每 mm 容量	累计容量	
1	1113	172	5.23	900	15	487	798	9.09	8115	
2	999	286	7.94	1805	16	476	809	9.09	8215	
3	910	375	10.12	2706	17	465	820	9.09	8316	
4	823	462	10.36	3607	18	453	832	8.42	8417	
5	765	520	15.51	4507	19	441	844	8.42	8517	
6	699	586	15.21	5510	20	427	858	7.14	8617	
7	662	623	13.53	6011	21	411	874	6.24	8717	
8	624	661	13.19	6512	22	394	891	5.88	8817	
9	586	699	13.18	7013	23	375	910	5.21	8916	
10	548	737	13.19	7514	24	355	930	5.00	9016	
11	529	756	10.58	7715	25	331	954	4.21	9117	
12	519	766	10.00	7815	26	301	984	3.33	9217	
13	509	776	10.00	7915	27	260	1025	2.39	9315	
14	498	787	9.18	8015	28	205	1080	1.82	9415	

计算公式：

计量容量 = 前累计容量 + （前止点高度 − 计量高度）× 计量高度区每 mm 容量。

【例 4 – 4】验 4 号汽车油罐车汽油一车，用丁字尺测得油罐空高 425mm，求装油量。

解：

公式：

$$V_t = V_累 + (H_止 - H_测) \times V_毫$$

式中　$V_累$——容量表前累计容量；

　　　　$H_测$——计量高度；

　　　　$H_止$——容量表前止点高度容量；

　　　　$V_毫$——容量表计量高度每 mm 容量。

知 425mm 在 411 ~ 427mm 之间，则

$$V_t = 8617 + (427 - 425) \times 6.24 = 8629.48 \approx 86239L$$

答：该罐装油 8629L。

> **提示：**
>
> 　测空表括号内是前止点高度减去计量高度，不同于测实表计量高度减去前止点高度。每 mm 容量是指累计容量下一行的每 mm 容量，千万不要乘以累计容量同一行的每 mm 容量。
>
> 　以上同样是：实高表按测实法测得的液高查容量表，空高表按测空法测得的空高查容量表。但无论哪种测量法查哪种容量表，查得的都是该液体的容量。

第三节　铁路罐车油罐容量计算

铁路油罐车是运输液体石油产品的车辆。在目前情况下，它既是运输工具，又是主要的计量器具。

一、铁路罐车的基本组成

铁路罐车基本由走行部、制动装置、车钩缓冲装置、车体、附件组成。

二、铁路罐车的分类

铁路罐车根据所运货物的不同，主要分为：

1. 轻油罐车

凡充装的油品黏度较小，密度 ≤ 0.9g/cm³ 的罐车称为轻油油罐车。由于轻油类液体渗透能力强，易蒸发，易膨胀，所以采用上装上卸式，罐体外部涂刷成

银白色。

我国目前使用的轻油罐车有：G_6、G_9、G_{13}、G_{15}、G_{16}、G_{18}、G_{19}、G_{50}、G_{60}、G_{60A}、G_{17G}、G_{70}、G_{70A}、G_{70B}等。

2. 黏油罐车

凡充装的油品黏度较大，密度约在$0.9 \sim 1 g/cm^3$的罐车称为黏油罐车。由于充装介质黏度、密度较大不易渗漏，所以采用下卸式。因在低温时易凝，外设半加温套给罐车加温。运送原油的铁路罐车罐体外表涂刷成黑色，运送成品黏油的铁路罐车罐体外表涂刷成黄色。

我国目前使用的黏油罐车有G_3、G_{12}、G_{12s}、G_{14}、G_{17}、G_{17A}、G_S、G_L、G_{LA}、G_{LB}等。

三、铁路罐车的罐体容积

1. 总容积(V_Z)

铁路罐车罐体除空气包及人孔鞍形容积之外的结构容积，也就是当液体灌装到与罐体上外表面相平时，液体所占罐体的容积叫总容积。一般用m^3表示，容积计量时用dm^3表示。总容积是计算罐体有效容积、编制套表和制作容积表的依据。

2. 有效容积(V_X)

可以用来装运液体、流体货物并能保证铁路罐车安全的容积。即能保证货物不超装、不超载，又能保证货物体积膨胀后在运输过程中不外溢的体积。

3. 空容积(V_K)

留做液体升温膨胀及冲击振动不外溢的空载容积。空容积与有效容积之比为$4\% \sim 5\%$。

4. 全容积(V_Q)

罐体内能够灌装液体，静态时不外溢的容积。

5. 检定容积(V_J)

对铁路罐车容积强检测试或标定后所给出的容积称为检定容积，检定容积与总容积是相近的。总容积与检定容积的容积误差为总确定度$\pm 0.4\%$。

6. 几种容积间的关系

$V_Q > V_Z > V_X > V_K$

$V_Z = V_X + V_K$

$V_K = (4 \sim 5)\% V_X$ 或 $(2 \sim 3)\% V_X$

$V_J = (1 \pm 0.4)\% V_Z$

四、铁路罐车的标记

为了便于铁路车辆的运用和管理，将车辆型号、性能、配属及使用注意事项等在车体的明显部位用规定的符号标示出来，这种规定的符号叫做车辆标记。铁路罐车的标记是铁道车辆标记中的一种，其标记分为多种类型，与计量相关的标记分述如下：

1. 车号

车号由基本记号、辅助记号和号码组成。基本记号和辅助记号合称为车辆型号，简称车型。

车型包括：

基本记号：是把铁道车辆名称用汉语拼音简化后的字母表示，如罐车汉语拼音 GUANCHE，简化后用"G"表示。

辅助记号：使用同一名称的车辆，但有的结构特征不同，为了便于更详细地区分，用不同的阿拉伯数字标在基本记号的右下角，用以表示车辆特征，这种记号叫辅助记号，如 G_{60} 的"60"，G_{17} 的"17"。

号码——原由 1~6 位阿拉伯数字组成，现在改为 7 位阿拉伯数字。

如：0 1 3 5 2 6 8

其中第一位数为 0 表示企业自备罐车；

第二位数为铁路局代号；

第三位数为铁路分局代号；

第四位数为车辆段代号；

第五至第七位数为顺序号。

2. 载重

表示该货车的最大装载货物能力，以 t 为计量单位。

在空车状态时，车辆自身的重量以 t 为计量单位。新造铁道车辆以定型生产前三辆车的平均自重为准。在改造和修理后，当发生 100kg 以上的自重变化时，要对自重标记进行修改。因此，铁路罐车的自重标记显示的标记自重，不能作为铁路罐车重量的计量依据，原因是：

①标记的自重是定型生产的前三辆罐车自重的平均值，并非该车的真实自重；

②标记自重的理论误差为 100kg；

③在运用过程中，铁路罐车的 8 个车轮直径因磨损会在 840~75mm 之间变化，将给标记自重带来约 1017kg 的最大误差。

④铁路罐车的 8 块闸瓦厚度在运行中可被磨损到 10mm 厚，可给其标记自重

带来约 97kg 的最大误差；因而标记自重会产生 1114kg 的最大误差，所以，铁路罐车的空车重量必须以衡器称量的重量为准。

3. 换长

铁道车辆在编组时所占用铁道线路的换算长度简称为换长。一辆车两车钩钩舌内侧面(勾舌在闭锁位置时)的距离称为车辆全长，以 m 为计量单位。车辆全长除以 11m 为换长数(因 C_1 型货车的全长为 11m)，保留小数一位，尾数四舍五入。换长无计量单位。

4. 容积

铁路货车可供装载货物的容量称为货车容积，铁路罐车等以立方米表示；平车以长、宽替代容积标记；其它货车以内长×内宽×内高，以 m 为计量单位，作为容积标记。

5. 危险标记

装运酸、碱类货品的罐车及运送危险品的特种车，在车体(或罐车罐体)四周涂刷宽为 200mm 的色带(有毒品为黄色，爆炸品为红色)，并在每侧色带上或色带中间留空涂刷红色的"危险"字样。如果车体已为黄色时，只涂刷"危险"字样。

6. 车辆检修标记

铁道车辆应涂刷各类检修标记，注明检修单位、日期及到期日期等。

厂修、段修标记涂刷在一处，其上部为段修标记，下部为厂修标记。右侧是本次检修的年、月和检修单位简称，左侧为下次检修年、月。厂、段修标记涂刷在车体两侧左端下角。铁路罐车的厂修标记是该辆罐车容积检定日期的鉴证，是该辆罐车罐体上喷涂容积表是否在有效期内的依据，也是顾客向国家铁路罐车容积计量站检索查询该罐车相关信息的基础资料。

7. 铁路罐车的检修周期与检定周期

油品类铁路罐车段修周期，厂修周期和容积检定周期分别为 1 年、5 年、5 年。

8. 铁路罐车容积表

铁路罐车容积表及容积表号是我国铁路计量罐车容积检定的结果，是罐车容重计量的技术依据。容积表中：简明铁路罐车容积表为每 1000 个表号套用一份容积表；特种罐车容积表为每个表号使用一份容积表。铁路罐车容积按照中华人民共和国 JJG 140—98《铁路罐车容积》计量检定规程进行。油品类铁路罐车容积检定周期为 5 年。

目前使用的铁路罐车容积表是国家大容器计量检定站编制的《简明铁路罐车容积表》以及部分机车车辆厂生产的《特种罐车容积表》。

（1）简明铁路罐车容积表见表4-5。铁道部采用的新罐车容积表共有两万个，分为20个字头，每一个字头一千个表。如 A000~A999、B000~B999、M000~M999 等。简明铁路罐车容积表把每个字头的一千个表分为十组，每组一百个表压缩为一个表，称为组表。其绝对误差不大于±2L，常装高度绝对误差不大于±1L。

表4-5 简明铁路油罐车容量表

表号：M900~999

高度/mm	容量/L	系 数	高度/mm	容量/L	系 数	高度/mm	容量/L	系 数
2790	55849	24.9152	2240	47761	21.2525	1690	35057	15.6162
2780	55794	24.8808	2230	47557	21.1616	1680	34807	15.5051
2770	55731	24.8465	2220	47351	21.0707	1670	34556	15.3939
2760	55663	24.8121	2210	47145	20.9798	1660	34306	15.2828
2750	55588	24.7778	2200	46937	20.8889	1650	34054	15.1717
2740	55508	24.7434	2190	46727	20.7939	1640	33803	15.0606
2730	55423	24.7091	2180	46517	20.6990	1630	33551	14.9495
2720	55334	24.6747	2170	46305	20.6040	1620	33299	14.8384
2710	55240	24.6404	2160	46092	20.5091	1610	33047	14.7273
2700	55142	24.6061	2150	45878	20.4141	1600	32794	14.6162
2690	55040	24.5515	2140	45662	20.3192	1590	32541	14.5040
2680	54935	24.4970	2130	45446	20.2242	1580	32288	14.3919
2670	54825	24.4424	2120	45228	20.1293	1570	32035	14.2798
2660	54713	24.3879	2110	45009	20.0343	1560	31781	14.1677
2650	54596	24.3333	2100	44789	19.9394	1550	31528	14.0556
2640	54477	24.2788	2090	44568	19.8384	1540	31274	13.9434
2630	54354	24.2242	2080	44346	19.7374	1530	31019	13.8313
2620	54228	24.1697	2070	44123	19.6364	1520	30765	13.7192
2610	54099	24.1152	2060	43899	19.5354	1510	30511	13.6071
2600	53968	24.0606	2050	43674	19.4343	1500	30256	13.4950
2590	53833	23.9950	2040	43448	19.3333	1490	30001	13.3818
2580	53696	23.9293	2030	43221	19.2323	1480	29746	13.2687
2570	53556	23.8636	2020	42993	19.1313	1470	29491	13.1556
2560	53413	23.7980	2010	42764	19.0303	1460	29236	13.0424
2550	53268	23.7323	2000	42535	18.9293	1450	28981	12.9293
2540	53121	23.6667	1990	42304	18.8253	1440	28726	12.8162
2530	52971	23.6010	1980	42073	18.7212	1430	28471	12.7030
2520	52819	23.5354	1970	41840	18.6172	1420	28215	12.5899
2510	52664	23.4697	1960	41607	18.5131	1410	27960	12.4768
2500	52507	23.4040	1950	41373	18.4091	1400	27705	12.3636
2490	52348	23.3273	1940	41138	18.3051	1390	27450	12.2515

高度/mm	容量/L	系　数	高度/mm	容量/L	系　数	高度/mm	容量/L	系　数
2480	52186	23.2505	1930	40903	18.2010	1380	27194	12.1394
2470	52023	23.1737	1920	40667	18.0970	1370	26939	12.0273
2460	51858	23.0970	1910	40429	17.9929	1360	26684	11.9152
2450	51690	23.0202	1900	40192	17.8889	1350	26429	11.8030
2440	51520	22.9434	1890	39953	17.7818	1340	26174	11.6909
2430	51349	22.8667	1880	39714	17.6767	1330	25919	11.5788
2420	51175	22.7899	1870	39474	17.5677	1320	25664	11.4667
2410	51000	22.7131	1860	39233	17.4606	1310	25410	11.3545
2400	50823	22.6364	1850	38992	17.3535	1300	25155	11.2424
2390	50644	22.5525	1840	38750	17.2465	1290	24901	11.1303
2380	50463	22.4687	1830	38508	17.1394	1280	24647	11.0182
2370	50280	22.3849	1820	38265	17.0323	1270	24393	10.9061
2360	50096	22.3010	1810	38021	16.9253	1260	24139	10.7939
2350	49910	22.2172	1800	37777	16.8182	1250	23885	10.6818
2340	49723	22.1333	1790	37532	16.7091	100	607	0.2828
2330	49533	22.0495	1780	37287	16.6000	90	519	0.2545
2320	49342	21.9657	1770	37041	16.4909	80	435	0.2263
2310	49150	21.8818	1760	36794	16.3818	70	356	0.1980
2300	48956	21.7980	1750	36548	16.2727	60	283	0.1697
2290	48760	21.7071	1740	36300	16.1636	50	215	0.1414
2280	48563	21.6162	1730	36052	16.0545	40	154	0.1131
2270	48365	21.5253	1720	35804	15.9455	30	100	0.0848
2260	48165	21.4343	1710	35555	15.8364	20	54	0.0566
2250	47964	21.3434	1700	35306	15.7273	10	19	0.0283

简明铁路罐车容积表，常装高度部分编表间隔为毫米，非常装高度部分编表间隔为厘米。

该简明罐车容积表由基础表和系数表两个部分组成。

计量铁路罐车容量时，按铁路罐车上打印的表号查表。查表方法是：根据罐内油品高度在表中查得基础容积 V_J 和系数 K，然后将系数和表号相乘（表号只取后二位）把乘得结果加到基础容积上就是要查的容积。

其计算公式是：

$$V_t = V_J + Kb$$

式中　b——表号后二位。

【例 4－5】罐车表号 M935，罐内油品高度 2750mm，求油品体积 V_t。

根据表号 M935 应查简明表中 M900～M999 表，在表中查得基础容积为 $V_t =$

55588L、系数为 $K = 24.7778$，代入上式：

$$V_t = 55588 + 24.7778 \times 35 = 56455.2 \approx 56455L$$

答：罐车内装油 56455L。

【例 4 - 6】表号 M946，罐内油高 2657mm，求油品体积 V_t。

根据表号确定查 M900 ~ 999 表，油高 2657mm 为非常装高度，用比例内插法计算出基础容积和系数，再计算出油品体积。

在表中查得如下数据：

高度/mm	容积/L	系数
2660	54713	24.3879
2650	54596	24.3333

①基础容积计算：

$$V_J = 54596 + \frac{54713 - 54596}{2660 - 2650} \times (2657 - 2650) = 54677.9L$$

②系数计算：

$$K = 24.3333 + \frac{24.3879 - 24.3333}{2660 - 2650} \times (2657 - 2650) = 24.3715$$

③油品体积计算：

根据公式：$V_t = V_J + Kb$

$$V_t = 54677.9 + 24.3715 \times 46 = 55798.99 \approx 55799L$$

答：该罐车装油 5799L。

（2）特种罐车容积表见表 4-6。特种罐车容积表属各机车车辆厂设计制造并由国家铁路罐车容积检定站检定合格的非主型罐车，为一车一表。其容积表以每厘米为一间隔，从计量基准点起累加到最高高度所对应的容积为有效容积值。当测得高度不为表载值时，按比例内插法计算出该高度对应的容积值。实际上它与第一节汽车油罐车容量表第一类实高表无论从编排形式还是计算方法都是一样的。

表4-6 特种罐车容积表(国家铁路罐车容积计量站西安分站)

车号: 6270407 表号: TX386

高度/cm	容量/L	高度/cm	容量/L	高度/cm	容量/L	高度/cm	容量/L
1	23	36	4781	71	12890	106	22729
2	65	37	4978	72	13152	107	23026
3	119	38	5177	73	13415	108	23324
4	182	39	5379	74	13680	109	23623
5	253	40	5584	75	13946	110	23923
6	333	41	5790	76	14213	111	24223
7	419	42	5999	77	14481	112	24524
8	511	43	6211	78	14751	113	24826
9	609	44	6424	79	15022	114	28128
10	712	45	6639	80	15294	115	25431
11	821	46	6857	81	15567	116	25734
12	935	47	7077	82	15842	117	26038
13	1053	48	7298	83	16117	118	26343
14	1176	49	7522	84	16394	119	26648
15	1304	50	7748	85	16672	120	26953
16	1435	51	7975	86	16951	121	27259
17	1571	52	8205	87	17231	122	27565
18	1710	53	7436	88	17512	123	27872
19	1854	54	8669	89	17794	124	28179
20	2000	55	8904	90	18077	125	28487
21	2151	56	9141	91	19361	126	28795
22	2305	57	9380	92	18646	127	29103
23	2462	58	9620	93	18932	128	29412
24	2623	59	9862	94	19219	129	29721
25	2787	60	10106	95	19507	130	30030
26	2954	61	10351	96	19796	131	30340
27	3124	62	10598	97	20086	132	30650
28	3297	63	10847	98	20376	133	30960
29	3473	64	11097	99	20667	134	31271
30	3651	65	11349	100	20960	135	31581
31	3833	66	11602	101	21252	136	31892
32	4017	67	11857	102	21546	137	32204
33	4204	68	12113	103	21841	138	32515
34	4394	69	12371	104	22136	139	32827
35	4586	70	12630	105	22432	140	33138

高度/cm	容量/L	高度/cm	容量/L	高度/cm	容量/L	高度/cm	容量/L
141	33450	176	44341	211	54719	246	63830
142	33762	177	44648	212	55001	247	64063
143	34075	178	44954	213	55282	248	64294
144	34387	179	45260	214	55562	249	645233
145	34699	180	45566	215	55841	250	64750
146	35012	181	45871	216	56118	251	64975
147	35324	182	46176	217	56395	252	65498
148	35637	183	46480	218	56670	253	65419
149	35949	184	46784	219	56944	254	65637
150	36262	185	47087	220	57217	255	65854
151	36574	186	47389	221	57489	256	66069
152	36887	187	47691	222	57760	257	66282
153	37199	188	47992	223	58029	258	66492
154	37512	189	48293	224	58297	259	66700
155	37824	190	48593	225	58564	260	66966
156	38136	191	48893	226	58830	261	67109
157	38449	192	49191	227	59094	262	67310
158	38761	193	49489	228	59357	263	67509
159	39073	194	49787	229	59608	264	67705
160	39384	195	50084	230	59878	265	67899
161	39696	196	50379	231	60137	266	68090
162	40008	197	50675	232	60394	267	68279
163	40319	198	50969	233	60650	268	68465
164	40630	199	51263	234	60904	269	68648
165	40941	200	51556	235	61157	270	68829
166	41251	201	51848	236	61408	271	69007
167	41562	202	52139	237	61658	272	69181
168	41872	203	52429	238	61906	273	69353
169	42182	204	52719	239	62152	274	69522
170	42491	205	53007	240	62397	275	69688
171	42800	206	53295	241	62640	276	69850
172	43109	207	53582	242	62882	277	70010
173	43418	208	53868	243	63122	278	70166
174	43726	209	54153	244	63360	279	70318
175	44034	210	54437	245	63596	280	70467

【例4-7】收车号为6270407的铁路罐车0号柴油，测得油高为2563mm，查容积表号为TX386，计算该车收油量。

解: 查 TX386 容积表，2563mm 处于 256cm 与 257cm 之间，采用比例内插法计算收油量为

$$V_t = 66069 + \frac{66282 - 66069}{2570 - 2560}(2563 - 2560) = 66132.9 \approx 66133\text{L}$$

答: 该车收油量为 66133L。

第四节　油船油罐容量计算

油船是散装油品的水运工具。油船可分为油轮和油驳。油轮有动力设备，可以自航，一般均有输油、扫舱、加热以及消防设施等。油驳不带动力设备，必须依靠拖船牵引并利用油库的油泵和加热设备装卸和加热油品。大的油轮载重数万吨油，小油轮载重几百、几千吨。

油轮(油驳)用来装油的部分为油舱，每一油轮尾端的隔舱壁附近设有垂直的量油口，供测量舱内油深。由与岸上输油软管或输油壁连接的结合管接头，输油干管及伸向各油舱的输油支管组成的管系为输油管系；用于吸净输油干管不能抽净的舱内残油的管系为清舱管系；还有蒸气加热管系、通气管系统、消除及惰性气体管系、洒水系统等。

一、小型油轮、油驳舱容表

小型油轮、油驳舱容表(见表4-7)是在船舱计量口的指定检尺位置的垂直高度上，从船舱基准点起，以1cm间隔累加至安全高度的一列高度与容积的对应值。计量时按照实际油高查舱容表，一般不作倾斜修正。实际上它与第一节汽车油罐车容量表第一类实高表无论从编排形式还是计算方法都是一样的。

表4-7　船舱容量表

船名：7　　　　舱号：左1

起讫点/mm	高差/mm	部分容量/L	毫米容量/L	累计容量/L
0 以下				374.0
1~707	707	20532.7	29.042	20906.7
708~1087	380	11120.1	29.264	32026.8
1088~1187	100	2897.3	28.973	34924.1
1188~2130	943	27595.5	29.264	62519.6
2131~2500	370	10715.3	28.960	73234.9

船名：7	舱号：右1			
起讫点/mm	高差/mm	部分容量/L	毫米容量/L	累计容量/L
0 以下				345.5
1~707	708	20526.6	28.992	20872.1
708~1087	380	1115.9	29.252	31988.0
1088~1187	100	2878.0	28.780	34866.0
1188~2130	968	28316.4	29.252	63182.4
2131~2500	370	10710.6	28.948	73893.0

有时，为了排列和使用方便，在油轮、油驳舱容表上只给出各段的起讫点、高差、部分容量、毫米容量和累计容量。使用时取与油高最近又低于油高的那个"讫点"的累计容量加上油高和这个讫点的高差与该段每毫米容量的乘积。它类式于第一节汽车油罐车容量表第二类实高表，无论从编排形式还是计算方法都相同。

【例4-8】7号油驳左1舱，油高2452mm，求表载体积?

解：7号左1舱容表，油高2452mm的讫点是2130mm，累计容量是62519.6L，高差为2452-2130=322mm，每毫米容量为28.960L，油高2452mm的表载体积为：

$$62519.6 + 28.960 \times 322 = 71845L$$

答：7号左1舱装油71845L。

二、大型油轮舱容表

大型油轮舱容大，若计量口不在液货舱中心，装油以后船体会有不同程度的纵倾，就会造成计量误差。大型油轮舱容表见表4-8(A)和表4-8(B)。

表4-8(A)　油舱容量

船号：8	舱号：第一油舱号	总高：8.21m	
空高/m	容量/m³	实际高/m	容量/m³
2.2	180.40	0.0	0.82
2.1	185.14	0.1	1.58
2.0	189.88	0.2	3.40
1.9	194.62	0.3	6.27
1.8	199.36	0.4	10.20
1.7	204.10	0.5	15.18

空高/m	容量/m³	实际高/m	容量/m³
1.6	208.84	0.6	21.21
1.5	213.58	0.7	28.30
1.4	318.32		
1.3	223.06		
1.2	227.80		
1.1	232.32		
1.0	236.84		
0.9	241.36		
0.8	245.88		
0.7	250.40		
0.6	254.92		
0.5	259.44		
0.4	263.96		
0.3	268.48		
0.2	273.00		
0.1	277.40		

表 4-8(B)   油舱纵倾修正值

前后吃水差/m	0.3	0.6	0.9	1.2	1.5	1.8
1~6 舱号/dm	+0.05	+0.10	+0.15	+0.18	+0.23	+0.28

大型油轮的液货舱一般是按空距和水平状态编制的,舱容表上注明了舱容总高(参照高度),还列出了与空距相对的实际高度。为了修正装油后的船体和编容积表时的船体状态不一致造成的误差,液位下的表载容积需要用纵倾修正值修正。纵倾修正值表将倾斜状态下测量的高度修正到水平状态时的高度。

【例 4-9】8 号油轮左 1 舱空距 0.27m,水高 0.12m,测量时的前吃水 0.6m,后吃水 1.2m,求舱内装油体积?

解:

计算前后吃水差:1.2 - 0.6 = 0.6m

将测量空距进行水平空距修正:

查液货舱纵倾修正表

吃水差 0.6m 时,修正值为: +0.1dm(0.01m)

水平空距为：0.27 + 0.01 = 0.28m

查舱容表，空距 0.28m 时，其舱容为：273.00 −（273.00 − 268.48）× 0.8 = 269.384m³

水高经水平修正后得：0.12 − 0.01 = 0.11m

计算水的体积，查舱容表得：1.58 +（3.40 − 1.58）× 0.1 = 1.762m³

该舱装油体积为 269.384 − 1.762 = 267.622m³

答：8 号油轮左 1 舱装油 267.622m³。

第五节　卧式金属油罐容量计算

为什么要提到卧式金属罐容积表呢？因为车船将油运到库站后，是要卸到油罐的，卧式金属罐是库站常见的一种，有必要了解。卧式金属罐容积表（见表 4-9）以厘米为间隔，单位高度容积各不相同，无线性关系。从计量基准点起累加到最高高度所对应的容积为有效容积值。当测得高度为表载值时，取表载值为该高度时的容积值；当测得高度不为表载值时，按比例内插法计算出该高度时的容积值。实际上它与第一节汽车油罐车容量表第一类实高表无论从编排形式还是计算方法都是一样的。

表 4-9　卧式金属罐容积表

罐号：9

高度/cm	容量/L	高度/cm	容量/L	高度/cm	容量/L	高度/cm	容量/L
1	7	13	689	25	1853	37	3316
2	32	14	771	26	1965	38	3448
3	65	15	857	27	2078	39	3583
4	106	16	945	28	2194	40	3718
5	153	17	1037	29	2312	41	3855
6	206	18	1130	30	2431	42	3994
7	263	19	1227	31	2553	43	4134
8	325	20	1325	32	2676	44	4275
9	390	21	1426	33	2800	45	4418
10	460	22	1530	34	2927	46	4562
11	533	23	1635	35	3055	47	4707
12	609	24	1743	36	3184	48	4853

高度/cm	容量/L	高度/cm	容量/L	高度/cm	容量/L	高度/cm	容量/L
49	5001	80	10077	111	15807	142	21827
50	5150	81	10254	112	15998	143	22022
51	5300	82	10432	113	16190	144	22218
52	5451	83	10610	114	16382	145	22413
53	5603	84	10789	115	16574	146	22609
54	5757	85	10968	116	16767	147	22804
55	5911	86	11148	117	16959	148	22999
56	6067	87	11329	118	17152	149	23194
57	6223	88	11510	119	17346	150	23389
58	6381	89	11691	120	17538	151	23584
59	6540	90	11874	121	17733	152	23779
60	6700	91	12056	122	17926	153	23974
61	6860	92	12240	123	18120	154	24169
62	7022	93	12424	124	18314	155	24363
63	7185	94	12608	125	18509	156	24557
64	7348	95	12793	126	18703	157	24752
65	7513	96	12978	127	18898	158	24946
66	7678	97	13164	128	19093	159	25139
67	7844	98	13350	129	18287	160	25333
68	8011	99	13537	130	19482	161	25526
69	8179	100	13724	131	19677	162	25720
70	8348	101	13911	132	19873	163	25913
71	8517	102	14099	133	20068	164	26105
72	8688	103	14288	134	20263	165	26298
73	8859	104	14476	135	20458	166	26490
74	9031	105	14665	136	20654	167	26682
75	9203	106	14855	137	20849	168	26874
76	9377	107	15045	138	21045	169	27065
77	9551	108	15235	139	21240	170	27256
78	9726	109	15425	140	21436	171	27447
79	9901	110	15616	141	21631	172	27638

高度/cm	容量/L	高度/cm	容量/L	高度/cm	容量/L	高度/cm	容量/L
173	27828	200	32796	227	37273	254	40915
174	28018	201	32971	228	37425	255	41027
175	28207	202	33148	229	37577	256	41137
176	28396	203	33323	230	37727	257	41245
177	28585	204	33497	231	37875	258	41351
178	28773	205	33671	232	38023	259	41455
179	28961	206	33843	233	38170	260	41556
180	29149	207	34015	234	38315	261	41655
181	29336	208	34187	235	38459	262	41751
182	29523	209	34357	236	38602	263	41845
183	29709	210	34527	237	38743	264	41937
184	29895	211	34695	238	38884	265	42026
185	30080	212	34863	239	39022	266	42112
186	30265	213	35031	240	39159	267	42195
187	30449	214	35197	241	39295	268	42274
188	30633	215	35362	242	39430	269	42351
189	30817	216	35527	243	39563	270	42425
190	30999	217	35690	244	39694	271	42494
191	31182	218	35853	245	39824	272	42560
192	31363	219	36015	246	39952	273	42622
193	31545	220	36176	247	40078	274	42680
194	31725	221	36335	248	40203	275	42733
195	31905	222	36494	249	40326	276	42780
196	32085	223	36652	250	40448	277	42822
197	32264	224	36809	251	40568	278	42857
198	32442	225	36965	252	40685	279	42882
199	32619	226	37119	253	40801	280	42891

【例4-10】9号卧式金属罐储存柴油，测得油水总高2327mm，水高31mm，求装油量是多少?

解：

(1)求油水总高容积

$$V_{t总} = 38023 + \frac{38170 - 38023}{2330 - 2320}(2327 - 2320) = 38125.9L$$

（2）求水高容积

$$V_{t\text{水}} = 65 + \frac{106 - 65}{40 - 30}(31 - 30) = 69.1\text{L}$$

（3）求净油容积

$$V_{t\text{油}} = 38125.9 - 69.1 = 38056.8 \approx 38057\text{L}$$

答：该罐装油量为38057L。

第六节　立式金属油罐容量计算

车船将油运到油库后，是要卸到油罐的。立式金属罐是油库常见的一种，有必要了解立式金属罐容量表方面的知识。立式金属罐容量表反映容器中任意高度下的容积，即从容器底部基准点起，任一垂直高度下该容器的有效容积。容量表编制的基础是按照容器的形状、几何尺寸及容器内的附件体积等技术资料为依据，经过实际测量、计算后编制。

立式金属罐容量表分类如下。

一、拱顶立式金属罐容量表

拱顶立式金属罐容量表见表4-10（A）～表4-10（c）。

表4-10（A）　拱顶立式金属罐容量表

罐号：10

高度/m	容量/L	高度/m	容量/L	高度/m	容量/L	高度/m	容量/L
0.044	1894	3.000	534402	5.900	1055783	8.700	1558321
0.100	11994	3.100	552384	6.000	1073745	8.800	1576229
0.200	30030	3.200	570365	6.100	1091707	8.900	1594137
0.300	48067	3.300	588347	6.200	1109670	9.000	1612044
0.400	66103	3.400	606328	6.300	1127632	9.100	1629952
0.500	84146	3.494	623231	6.397	1145056	9.200	1647860
0.600	102180	3.500	624310	6.400	1145595	9.300	1665768
0.700	120233	3.600	642294	6.500	1163550	9.400	1683676
0.800	138277	3.700	660278	6.600	1181505	9.500	1701584
0.900	156320	3.800	678261	6.700	1199461	9.600	1719492
1.000	174364	3.900	696245	6.800	1217416	9.700	1737400

高度/m	容量/L	高度/m	容量/L	高度/m	容量/L	高度/m	容量/L
1.100	192401	4.000	714229	6.900	1235371	9.800	1755307
1.200	210437	4.100	732213	7.000	1253327	9.851	1764440
1.300	228473	4.200	750197	7.100	1271282	9.900	1773201
1.400	246510	4.300	768181	7.200	1289237	10.000	1791081
1.500	264546	4.400	786165	7.300	1307193	10.100	1808960
1.600	282582	4.500	804148	7.400	1325148	10.200	1826840
1.700	300618	4.600	822132	7.500	1343103	10.300	1844719
1.746	308915	4.700	840116	7.548	1351722	10.400	1862598
1.800	318625	4.800	858100	7.600	1361047	10.500	1880478
1.900	336606	4.900	876084	7.700	1378981	10.600	1898357
2.000	354588	5.000	894068	7.800	1396915	10.700	1916237
2.100	372569	5.100	912051	7.900	1414849	10.800	1934116
2.200	390551	5.200	930035	8.000	1432783	10.900	1951996
2.300	408532	5.247	938488	8.100	1450717	11.000	1969875
2.400	426514	5.300	948008	8.200	1468651	11.100	1987754
2.500	444495	5.400	965970	8.300	1486585	11.200	2005634
2.600	462476	5.500	983933	8.400	1504519	11.300	2023513
2.700	480458	5.600	1001895	8.500	1522453	11.348	2032095
2.800	498439	5.700	1019858	8.600	1540387		
2.900	516421	5.800	1037820	8.699	1558142		

表4-10(B)　拱顶立式金属罐小数表

罐号：10

0.044~1.746m			1.747~3.494m			3.495~5.247m			5.248~6.397m		
液高	cm 容量/L	mm 容量/L	液高	cm 容量/L	mm 容量/L	液高	cm 容量/L	mm 容量/L	液高	cm 容量/L	mm 容量/L
1	1804	180	1	1798	180	1	1798	180	1	1796	180
2	3608	361	2	3596	360	2	3597	360	2	3592	359
3	5412	541	3	5394	539	3	5395	540	3	5389	539
4	7216	722	4	7193	719	4	7194	719	4	7185	719
5	9019	902	5	8991	899	5	8992	899	5	8981	898
6	10823	1082	6	10789	1079	6	10790	1079	6	10777	1078

0.044~1.746m			1.747~3.494m			3.495~5.247m			5.248~6.397m		
液高	cm 容量/L	mm 容量/L	液高	cm 容量/L	mm 容量/L	液高	cm 容量/L	mm 容量/L	液高	cm 容量/L	mm 容量/L
7	12627	1263	7	12587	1259	7	12589	1259	7	12574	1257
8	14431	1443	8	14385	1439	8	14387	1439	8	14370	1437
9	16235	1623	9	16183	1618	9	16185	1619	9	16166	1617

6.398~7.548m			7.549~8.699m			8.700~9.851m			9.852~11.348m		
液高	cm 容量/L	mm 容量/L	液高	cm 容量/L	mm 容量/L	液高	cm 容量/L	mm 容量/L	液高	cm 容量/L	mm 容量/L
1	1796	180	1	1793	179	1	1791	179	1	1788	179
2	3591	359	2	3587	359	2	3582	358	2	3576	358
3	5387	539	3	5380	538	3	5372	537	3	5364	536
4	7182	718	4	7174	717	4	7163	716	4	7152	715
5	8978	898	5	8967	897	5	8954	895	5	8940	894
6	10773	1077	6	10760	1076	6	10745	1075	6	10728	1073
7	12569	1257	7	12554	1255	7	12536	1254	7	12516	1252
8	14364	1436	8	14347	1435	8	14326	1433	8	14304	1430
9	16160	1616	9	16141	1614	9	16117	1612	9	16091	1609

表 4-10(C) 拱顶立式金属罐静压力容量修正量表

罐号: 6

m \ dm	0.0	0.1	0.2	0.3	0.4	0.5	0.6	0.7	0.8	0.9
1.0	8	9	9	10	11	12	13	13	16	21
2.0	26	31	36	40	45	50	55	59	64	69
3.0	74	79	83	88	93	98	107	115	124	133
4.0	141	150	159	167	176	185	193	202	211	219
5.0	228	237	245	256	269	282	295	307	320	333
6.0	346	359	371	384	397	414	430	447	463	480
7.0	496	513	529	546	562	579	597	618	638	658
8.0	678	699	719	739	759	780	800	820	844	868
9.0	892	916	940	964	988	1012	1036	1060	1083	1110
10.0	1138	1166	1194	1222	1251	1279	1307	1335	1363	1392
11.0	1420	1448	1476	1504						

（1）主表。从计量基准点起，通常以间隔 1dm 高对应的容量，累加至安全高度所对应的一列有效容量值。但在该罐有异于按几何体计算处和每一圈板终端，则标出至毫米的累计有效容量值。如 10 号罐主表 0.044m 对应的容量表明罐底至该高度不规则容量；1.746m 对应的容量表明第一圈板的累计有效容量值；以后的 3.494m、5.247m 等都表明其累计有效容量值。

（2）附表。又称小数表，按圈板高度和附件位置划分区段，给出每区段高度 1~9cm 和 1~9mm 的一列对应的有效容量值。

（3）容量静压力增大值表。一般按介质为水的密度 1g/cm³ 编制，储存高度从基准点起，以 1dm 间隔累加至安全高度所对应的一列罐容量增大值（编表从 1m 开始）。当测得值不为表载值时，按就近原则取相邻近的值。静压力增大值是油罐装油后受到液体静压力的影响，罐壁产生弹性变形，使得油罐的容量比空罐时大出的那部分量。打个比方说吧，自行车轮胎在充气前和充气后，其体积肯定后者大于前者，其原因就是气体撑大了轮胎壁。油罐装油后也同是这一道理。使用时将静压力增大值 $\Delta V_{t水}$ 与装载油品的相对密度 D_4^t 相乘，得出静压力容积 $\Delta V_压$，即 $\Delta V_压 = \Delta V_水 \times D_4^t$。又由于 D_4^t 值接近于油品 ρ_{20}，则以 ρ_{20} 代替 D_4^t，$\Delta V_压 = \Delta V_水 \times \rho_{20}$。

因为罐底非水平状态且凹凸不平，有时将确定高度下的罐底量作为一个固定量处理。编容量表时，将这个固定量和它所对应的高度编入主表。同样以上的值为累计值。如 10# 油罐小数表从 0.044 米编表，说明这 44mm 以下是凹凸不平的，此为死量，44mm 以下高度的容量不能通过比例内插法求得。同理，11# 油罐 73mm 高度容量为死量。高度超过死量高度而不足 1dm，则采取底量加小数量得出，如 10# 罐测得水高 45mm，则容量为 1894 + 180 = 2074L。

那么，立式罐某装油高度下的容量则为

$$V_t = V_主 + V_小 + \Delta V_水 \times \rho_{20}$$

式中　　$V_主$——容量表主表容量；

　　　　$V_小$——容量表小数表容量；

　　　　$\Delta V_水$——容量表静压力增大值；

　　　　ρ_{20}——液体标准密度。

【例 4-11】10 号拱顶立式金属罐储存 0# 柴油，测得油高为 3824mm，测得密度经计算后得出的 $\rho_{20} = 0.8436g/cm^3$，试求该罐装油容量。

解：

①查主表高度为 3.8m 时容量为 678261L；

②查小数表在 3.495~5.247m 这一区段 7cm 时的容积为 3597L，4mm 时的容量为 719L；

③查测量油高 3824mm 相对应的静压力增大值，因为 3824mm 靠近 3.8m，取静压力增大值为 124，则

$$V_t = 678261 + 3597 + 719 + 124 \times 0.8436 = 682681.6 \approx 682682L$$

答：该罐装油容量为 682682L。

若罐内有水，则相应减去水高时的容量。

应该注意：查表时应完全掌握 mm、cm、dm 以及 m 的换算关系，以免弄错；查小数表应根据计量高度查这一区段相应的 cm、mm 容量值，千万不要查错了区段；Vt 部分不要忘了静压力容量修正量乘以标准密度的计算。

二、浮顶立式金属罐容量表

浮顶立式金属罐容量见表 4-11(A) ~ 表 4-11(C)。

表 4-11(A)　浮顶立式金属罐容量表

罐号：11

高度/m	容量/L	高度/m	容量/L	高度/m	容量/L	高度/m	容量/L
0.073	8960	3.200	579319	6.500	1181314	9.700	1765786
0.100	13885	3.300	597562	6.506	1182408	9.800	1784054
0.200	32125	3.400	615806	6.600	1199575	9.900	1802321
0.300	50365	3.500	634050	6.700	1217838	10.000	1820589
0.400	68605	3.600	652293	6.800	1236100	10.100	1838856
0.500	86845	3.700	670537	6.900	1254363	10.116	1841779
0.600	105093	3.800	688780	7.000	1272626	10.200	1857126
0.700	123340	3.900	707024	7.100	1290889	10.300	1875396
0.800	141588	4.000	725267	7.200	1309151	10.400	1893665
0.900	159836	4.100	743511	7.300	1327414	10.500	1911935
1.000	178080	4.200	761755	7.400	1345677	10.600	1930205
1.100	196317	4.300	779998	7.500	1363940	10.700	1948475
1.200	214553	4.400	798242	7.600	1382202	10.800	1966745
1.300	232790	4.500	816485	7.700	1400465	10.900	1985015
1.400	251026	4.600	834729	7.800	1418728	11.000	2003285
1.500	269262	4.700	852972	7.900	1436990	11.023	2007487
1.589	285493	4.703	853520	8.000	1455253	11.100	2021553
1.600	287499	4.800	871214	8.100	1473516	11.200	2039821
1.700	287515	4.900	889455	8.200	1491779	11.300	2058088

高度/m	容量/L	高度/m	容量/L	高度/m	容量/L	高度/m	容量/L
1.800	323967	5.000	907696	8.300	1510041	11.400	2076356
1.900	342201	5.100	925937	8.310	1511868	11.500	2094623
2.000	360435	5.200	944178	8.400	1528308	11.600	2112891
2.100	378670	5.300	962419	8.500	1546576	11.700	2131159
2.200	396915	5.400	980661	8.600	1564843	11.800	2149427
2.300	415160	5.500	998902	8.700	1583111	11.900	2167694
2.400	433406	5.600	1017143	8.800	1601378	12.000	2185962
2.500	451651	5.700	1035384	8.900	1619646	12.100	2204230
2.600	469896	5.800	1053625	9.000	1637913	12.200	2222498
2.700	488139	5.900	1071867	9.100	1656181	12.300	2240766
2.800	506373	6.000	1090108	9.200	1674448	12.400	2259033
2.900	524607	6.100	1108349	9.300	1692716	12.500	2277301
3.000	542841	6.200	1126590	9.400	1710983	12.600	2295569
3.100	561075	6.300	1144831	9.500	1729251	12.700	2313837
3.101	561258	6.400	1163072	9.600	1747518	12.703	2314385

说明：（1）浮盘起浮高度1801mm，浮盘重量9409kg；（2）1600～1800mm为浮盘浸没区。

表4-11(B)　浮顶立式金属罐小数表

罐号：11

	0.073～1.589m			1.590～3.101m			3.102～4.703m			4.704～6.506m	
液高	cm 容量/L	mm 容量/L	液高	cm 容量/L	mm 容量/L	液高	cm 容量/L	mm 容量/L	液高	cm 容量/L	mm 容量/L
1	1824	182	1	1824	182	1	1824	182	1	1824	182
2	3648	365	2	3648	365	2	3649	365	2	3648	365
3	5471	547	3	5472	547	3	5473	547	3	5472	547
4	7295	730	4	7295	730	4	7297	730	4	7296	730
5	9119	912	5	9119	712	5	9122	912	5	9121	912
6	10943	1094	6	10943	1094	6	10946	1095	6	10945	1094
7	12767	1277	7	12767	1277	7	12770	1277	7	12769	1277
8	14591	1459	8	14591	1459	8	14595	1459	8	14593	1459
9	16414	1641	9	16415	1642	9	16419	1642	9	16417	1642

液高	6.607~8.310m cm 容量/L	mm 容量/L	液高	8.311~10.116m cm 容量/L	mm 容量/L	液高	10.117~11.023m cm 容量/L	mm 容量/L	液高	11.024~12.703m cm 容量/L	mm 容量/L
1	1826	183	1	1827	183	1	1827	183	1	1827	183
2	3653	365	2	3654	365	2	3654	365	2	3654	365
3	5479	548	3	5480	548	3	5481	548	3	5480	548
4	7305	731	4	7307	731	4	7308	731	4	7307	731
5	9131	913	5	9134	913	5	9135	913	5	9134	913
6	10958	1096	6	10961	1096	6	10962	1096	6	10961	1096
7	12784	1278	7	12787	1279	7	12789	1279	7	12787	1279
8	14610	1461	8	14614	1461	8	14616	1462	8	14614	1461
9	16436	1644	9	16441	1644	9	16443	1644	9	16441	1644

表4-11(C) 浮顶立式金属罐静压力容量修正量表

罐号：8

m \ dm	0.0	0.1	0.2	0.3	0.4	0.5	0.6	0.7	0.8	0.9
1.0	6	7	8	8	9	9	10	14	18	22
2.0	26	30	34	38	42	46	50	54	58	62
3.0	66	69	77	84	91	98	105	112	119	126
4.0	134	141	148	155	162	169	176	184	195	206
5.0	217	229	240	251	262	274	285	296	308	319
6.0	330	341	353	364	375	387	402	418	435	451
7.0	467	483	499	515	531	547	563	579	595	611
8.0	627	643	659	676	696	717	738	758	779	800
9.0	821	842	863	884	904	925	946	967	988	1009
10.0	1030	1050	1074	1099	1123	1148	1172	1197	1221	1246
11.0	1270	1297	1325	1353	1381	1409	1437	1464	1492	1520
12.0	1548	1576	1604	1632	1660	1688	1715	1743		

浮顶立式金属罐在罐内有一个由金属和其他轻质材料制成的浮盘浮在油面上，并随着油品液面升降而升降。由于油品液面与浮顶之间基本不存在油气空间，油品不能蒸发。因而基本上消除了油品大小呼吸损耗。所以，常使用它来储

存易挥发的汽油和原油。浮顶罐储油除能减少蒸发损耗外，同时还可以减少对大气的污染，减少火灾发生的危险性。浮顶罐容积的编制形式和方法基本同拱顶立式金属罐，只是在容积表附栏注明浮顶重量、浮顶最低液面起浮高度和非计量区间。

浮顶罐的容量和质量计算应注意以下三种情况：

①装油的油面在浮盘最低点以下，为第一区间。在计算容量时与普通拱顶立式罐相同。

【例4－12】11号浮顶立式金属油罐储存90号汽油，测得油水总高1083mm，水高73mm，测得密度经计算后得出 $\rho_{20} = 0.7300\text{g}/\text{cm}^3$，试求该罐装油容量。

解：

（a）查主表高度为1000mm时容量为178080L，小数表0.073～1.589m这一区段8cm的容量为14591L，3mm的容量为547L；

（b）查主表和小数表水高73mm时容量主表73mm底量的容积为8960L；

（c）查测量油水总高1083mm相对应的静压力增大值为7，则

$$V_t = 178080 + 14591 + 547 + 7 \times 0.7300 - 8960 = 184263.1 \approx 184263\text{L}$$

答： 该罐装90号汽油容量为184263L。

> **提示：**
> 如果水高超过容量表"底量"区高度，只能用底量容量加在小数表第一区间超去底量高度的相应的容量，而不能直接在小数表第一区间查水高相应的容量。

②油面在浮盘之中，浮盘没有起浮，浮盘最低点至起浮高度以下。因为此区间浮盘似浮非浮，占据的体积不能确定，因此，此区间的液位不能计量。如8号浮顶罐1.600～1.800m这一区间。

③浮盘起浮后为第三区间，这时浮盘已自由起浮，计算出油品的重量时应扣除浮盘重量(W)。

第五章　油品质量计算

编者按：

　　石油计量的最终结果是取得油品的质量。无论油库按照油品密度的变化向客户发放油品的体积，还是加油站一个时期按一个固定的容积（升）对汽车油箱加油，但财会结账还是以质量来结算的。而将油品的体积变换成质量，需要有体积与密度这两个条件，其表达式是：$m = V \cdot \rho$。这里的油品体积必须将任意温度下的体积通过一定的公式换算为标准体积，任意温度的密度也要通过一定的公式换算为标准密度，这样才能计算出油品质量。本章将就油品质量进行比较详细阐述与讲解。

第一节　质量的基本概念

　　质量是物体所含物质多少的量度。它一方面反映物体惯性大小的性质，另一方面又反映万有引力强度的性质。在通常情况下，物体的质量是不会随物体的运动、状态、温度和位置的改变而改变，它是物体本身的一种属性。

　　质量计量是力学计量中最基础的项目之一，因为它与密度、容量、压力、流量等力学量密不可分。质量计量就是采用适当的仪器和方法，确定被测物体作为质量单位的国际千克原器之间的质量对应关系。千克为质量的基本单位，它也是七个基本单位中唯一一个带词头的基本单位。

　　在我国的法定计量单位中，规定质量有时可称为重量，这其实是由于历史的原因。在日常生活和贸易中，它往往是质量的代名词。所以国务院《关于在我国统一实行法定计量单位的命令》（1984 年 2 月 27 日）中注明："人民生活和贸易中，质量习惯称为重量"。

目前，我国石油计量的方法有两种，即：衡量法，属直接测量法，例如用台秤称某一桶油的质量；体积－质量法，属间接测量法，大宗石油产品的计量采用这种方法，是学习的重点。它的表达式为：$m = V \cdot \rho$。

第二节　石油计量表

中华人民共和国国家标准 GB/T 1885—1998《石油计量表》等效采用国际标准 ISO 91—2：1991《石油计量表——第二部分：以 20℃ 为标准温度的表》的技术内容，计算结果与 ISO 91—2：1991 一致。

该标准基础数据取样方法，石油计量表按原油、产品、润滑油分类建立。现已为世界大多数国家采用，在石油贸易中更是通用性。

该标准规定了将在非标准温度下获得的玻璃石油密度计读数（视密度）换算为标准温度下的密度（标准密度）和体积修正系数的方法。

石油计量表的组成包括：

1. 标准密度表

表 59A——原油标准密度表

表 59B——产品标准密度表

表 59D——润滑油标准密度表

2. 体积修正系数表

表 60A——原油体积修正系数表

表 60B——产品体积修正系数表

表 60D——润滑油体积修正系数表

3. 特殊石油计量表

在油品特殊且贸易双方同意的情况下，可以直接使用 ISO 91—1：1982 中的表 54C。

4. 其他石油计量表

表 E_1—20℃密度到15℃密度换算表

表 E_2—15℃密度到20℃密度换算表

表 E_3—15℃密度到桶/t 系数换算表

表 E_4—计量单位系数换算表

第三节 石油标准密度的换算

用玻璃石油密度计和玻璃棒式全浸式水银温度计测得石油的数据后，按所测的油品(原油、产品、润滑油)直接查取相应的标准密度表。表59A、59B、59D的查表方法是一样的，这里主要介绍表59B产品标准密度表。

一、59B 产品标准密度换算表的适应范围

表5-1 为59B 产品标准密度换算表的适用范围见表5-1。

表 5-1 59B 产品标准密度换算表的适用范围

密度/(kg/m³)	温度/℃
653 ~ 778	-18 ~ 95
778 ~ 824	-18 ~ 125
824 ~ 1075	-18 ~ 150

二、59B 产品标准密度换算表的排列形式

表5-2 为59B 产品标准密度换算表的排列形式。

表 5-2 59B 产品标准密度换算表的排列形式

温度/℃	视密度/(kg/m³)	
	735.0	737.0
20℃密度		
15.75	731.2	733.2
16.00	731.4	733.4
16.25	731.6	733.7
16.50	731.9	733.9

这里可以看出，该表的试验温度间隔为 0.25℃，视密度间隔为 2kg/m³，而且个位为奇数。在59B 产品标准密度表整个表中，在同一温度条件下，两相邻的 ρ_{20} 差值在 1.9 ~ 2.1kg/m³ 之间。

三、59B 产品标准密度换算表的使用步骤

已知某种油品在某一试验温度下的视密度，可以：

（1）根据油品类别选择相应油品的标准密度表；

（2）确定视密度所在标准密度表中的密度区间；

（3）在视密度栏中，查找已知的视密度值；在温度栏中找到已知的试验温度值。该视密度值与试验温度值的交叉数即为油品的标准密度；如果已知视密度值正好介于视密度栏中两个相邻视密度值之间，则可以采用内插法确定标准密度，但试验温度值不内插，用较接近的温度值查表；

（4）最后结果保留到十分位。

四、59B 产品标准密度换算表的计算方法

59B 产品标准密度换算见表 5-3 和表 5-4。

表 5-3　59B 产品标准密度表(汽油)

温度/℃	视密度/（kg/m³）										
	725.0	727.0	729.0	731.0	733.0	735.0	737.0	739.0	741.0	743.0	745.0
	20℃密度/（kg/m³）										
15.75	721.2	723.2	725.2	727.2	729.2	731.2	733.2	735.2	737.2	739.2	741.2
16.00	721.4	723.4	725.4	727.4	729.4	731.4	733.4	735.4	737.4	739.4	741.4
16.25	721.6	723.6	725.6	727.6	729.6	731.6	733.7	735.7	737.7	739.7	741.7
16.50	721.8	723.9	725.9	727.9	729.9	731.9	733.9	735.9	737.9	739.9	741.9
16.75	722.1	724.1	726.1	728.1	730.1	732.1	734.1	736.1	738.1	740.1	742.1
17.00	722.3	724.3	726.3	728.3	730.3	732.3	734.3	736.3	738.3	740.3	742.3
17.25	722.5	724.5	726.5	728.5	730.5	732.5	734.5	736.5	738.6	740.6	742.6
17.50	722.7	724.8	726.8	728.8	730.8	732.8	734.8	736.8	738.8	740.8	742.8
17.75	723.0	725.0	727.0	729.0	731.0	733.0	735.0	737.0	739.0	741.0	743.0
18.00	723.2	725.2	727.2	729.2	731.2	733.2	735.2	737.2	739.2	741.2	743.2
18.25	723.4	725.4	727.4	729.4	731.4	733.4	735.4	737.4	739.4	741.4	743.4
18.50	723.6	725.7	727.7	729.7	731.7	733.7	735.7	737.7	739.7	741.7	743.7
18.75	723.9	725.9	727.9	729.9	731.9	733.9	735.9	737.9	739.9	741.9	743.9
19.00	724.1	726.1	728.1	730.1	732.1	734.1	736.1	738.1	740.1	742.1	744.1
19.25	724.3	726.3	728.3	730.3	732.3	734.3	736.3	738.3	740.3	742.3	744.3
19.50	724.5	726.6	728.6	730.6	732.6	734.6	736.6	738.6	740.6	742.6	744.6
19.75	724.8	726.8	728.8	730.8	732.8	734.8	736.8	738.8	740.8	742.8	744.8
20.00	725.0	727.0	729.0	731.0	733.0	735.0	737.0	739.0	741.0	743.0	745.0
20.25	725.2	727.2	729.2	731.2	733.2	735.2	737.2	739.2	741.2	743.2	745.2

温度/℃	视密度/(kg/m³)										
	725.0	727.0	729.0	731.0	733.0	735.0	737.0	739.0	741.0	743.0	745.0
	20℃密度/(kg/m³)										
20.50	725.5	727.4	729.4	731.4	733.4	735.4	737.4	739.4	741.4	743.4	745.4
20.75	725.7	727.7	729.7	731.7	733.7	735.7	737.7	739.7	741.7	743.7	745.7
21.00	725.9	727.9	729.9	731.9	733.9	735.9	737.9	739.9	741.9	743.9	745.9
21.25	726.1	728.1	730.1	732.1	734.1	736.1	738.1	740.1	742.1	744.1	746.1
21.50	726.3	728.3	730.3	732.3	734.3	736.3	738.3	740.3	742.3	744.3	746.3
21.75	726.6	728.6	730.6	732.6	734.6	736.6	738.6	740.6	742.6	744.6	746.6
22.00	726.8	728.8	730.8	732.8	734.8	736.8	738.8	740.8	742.8	744.8	746.8
22.25	727.0	729.0	731.0	733.0	735.0	737.0	739.0	741.0	743.0	745.0	747.0
22.50	727.2	729.2	731.2	733.2	735.2	737.2	739.2	741.2	743.2	745.2	747.2
22.75	727.5	729.5	731.5	733.5	735.5	737.5	739.5	741.4	743.4	745.4	747.4
23.00	727.7	729.7	731.7	733.7	735.7	737.7	739.7	741.7	743.7	745.7	747.7
23.25	727.9	729.9	731.9	733.9	735.9	737.9	739.9	741.9	743.9	745.9	747.9
23.50	728.1	730.1	732.1	734.1	736.1	738.1	740.1	742.1	744.1	746.1	748.1
23.75	728.4	730.4	732.4	734.4	736.4	738.3	740.3	742.3	744.3	746.3	748.3
24.00	728.6	730.6	732.6	734.6	736.6	738.6	740.6	742.6	744.6	746.5	748.5
24.25	728.8	730.8	732.8	734.8	736.8	738.8	740.8	742.8	744.8	746.8	748.8
24.50	729.0	731.0	733.0	735.0	737.0	739.0	741.0	743.0	745.0	747.0	749.0
24.75	729.3	731.3	733.3	735.3	737.2	739.2	741.2	743.2	745.2	747.2	749.2
25.00	729.5	731.5	733.5	735.5	737.5	739.5	741.5	743.4	745.4	747.4	749.4
25.25	729.7	731.7	733.7	735.7	737.7	739.7	741.7	743.7	745.7	747.0	749.6
25.50	729.9	731.9	733.9	735.9	737.9	739.9	741.9	743.9	745.9	747.9	749.9
25.75	730.2	732.2	734.2	736.1	738.1	740.1	742.1	744.1	746.1	748.1	750.1
26.00	730.4	732.4	734.4	736.4	738.4	740.4	742.3	744.3	746.3	748.3	750.3
26.25	730.6	732.6	734.6	736.6	738.6	740.6	742.6	744.6	746.6	748.5	750.5
26.50	730.8	732.8	734.8	736.8	738.8	740.8	742.8	744.8	746.8	748.8	750.8
26.75	731.1	733.1	735.0	737.0	739.0	741.0	743.0	745.0	747.0	749.0	751.0
27.00	731.3	733.3	735.3	737.3	739.3	741.2	743.2	745.2	747.2	749.2	751.2
31.00	734.9	736.9	738.8	740.8	742.8	744.8	746.8	748.8	750.8	752.7	754.7
31.25	735.1	737.1	739.1	741.0	743.0	745.0	747.0	749.0	751.0	753.0	754.9

表5-4 59B产品标准密度表(柴油)

温度/℃	视密度/(kg/m³)										
	827.0	829.0	831.0	833.0	835.0	837.0	839.0	841.0	843.0	845.0	847.0
	20℃密度/(kg/m³)										
4.50	816.1	818.1	820.1	822.1	824.2	826.2	828.2	830.3	832.3	834.3	836.3
4.75	816.2	818.3	820.3	822.3	824.4	826.4	828.4	830.4	832.5	834.5	836.5
5.00	816.4	818.4	820.5	822.5	824.5	826.6	828.6	830.6	832.6	834.7	836.7
5.25	816.6	818.6	820.7	822.7	824.7	826.7	828.8	830.8	832.8	834.8	836.8
5.50	816.8	818.8	820.8	822.9	824.9	826.9	828.9	831.0	833.0	835.0	837.0
5.75	817.0	819.0	821.0	823.0	825.1	827.1	829.1	831.1	833.2	835.2	837.2
6.00	817.1	819.2	821.2	823.2	825.2	827.3	829.3	831.3	833.3	835.4	837.4
6.25	817.3	819.3	821.4	823.4	825.4	827.4	829.5	831.5	833.5	835.5	837.5
6.50	817.5	819.5	821.5	823.6	825.6	827.6	829.6	831.7	833.7	835.7	837.7
6.75	817.7	819.7	821.7	823.7	825.8	827.8	829.8	831.8	833.9	835.9	837.9
7.00	817.8	819.9	821.9	823.9	825.9	828.0	830.0	832.0	834.0	836.0	838.0
7.25	818.0	820.0	822.1	824.1	826.1	828.1	830.2	832.2	834.2	836.2	838.2
7.50	818.2	820.2	822.2	824.3	826.3	828.3	830.3	832.4	834.4	836.4	838.4
7.75	818.4	820.4	822.4	824.4	826.5	828.5	830.5	832.5	834.6	836.6	838.6
8.00	818.6	820.6	822.6	824.6	826.6	828.7	830.7	832.7	834.7	836.7	838.7
8.25	818.7	820.8	822.8	824.8	826.8	828.8	830.9	832.9	834.9	836.9	838.9
8.50	818.9	820.9	822.9	825.0	827.0	829.0	831.0	833.1	835.1	837.1	839.1
8.75	819.1	821.1	823.1	825.1	827.2	829.2	831.2	833.2	835.2	837.2	839.3
9.00	819.3	821.3	823.3	825.3	827.3	829.4	831.4	833.4	835.4	837.4	839.4
9.25	819.4	821.5	823.5	825.5	827.5	829.5	831.6	833.6	835.6	837.6	839.6
9.50	819.6	821.6	823.7	825.7	827.7	829.7	831.7	833.7	835.8	837.8	839.8
9.75	819.8	821.8	823.8	825.8	827.9	829.9	831.9	833.9	835.9	837.9	839.9
10.00	820.0	822.0	824.0	826.0	828.0	830.1	832.1	834.1	836.1	838.1	840.1
10.25	820.1	822.2	824.2	826.2	828.2	830.2	832.3	834.3	836.3	838.3	840.3
10.50	820.3	822.3	824.4	826.4	828.4	830.4	832.4	834.4	836.4	838.5	840.5
10.75	820.5	822.5	824.5	826.5	828.6	830.6	832.6	834.6	836.6	838.6	840.6
11.00	820.7	822.7	824.7	826.7	828.7	830.8	832.8	834.8	836.8	838.8	840.8
11.25	820.9	822.9	824.9	826.9	828.9	830.9	832.9	835.0	837.0	839.0	841.0

温度/℃	视密度/(kg/m³)										
	827.0	829.0	831.0	833.0	835.0	837.0	839.0	841.0	843.0	845.0	847.0
	20℃密度/(kg/m³)										
11.50	821.0	823.0	825.1	827.1	829.1	831.1	833.1	835.1	837.1	839.1	841.1
11.75	821.2	823.2	825.2	827.3	829.3	831.3	833.3	835.3	837.3	839.3	841.3
12.00	821.4	823.4	825.4	827.4	829.4	831.5	833.5	835.5	837.5	839.5	841.5
12.25	821.6	823.6	825.6	827.6	829.6	831.6	833.6	835.7	837.7	839.7	841.7
12.50	821.7	823.7	825.8	827.8	829.8	831.8	833.8	835.8	837.8	839.8	841.8
12.75	821.9	823.9	825.9	828.0	830.0	832.0	834.0	836.0	838.0	840.0	842.0
13.00	822.1	824.1	826.1	828.1	830.1	832.2	834.2	836.2	838.2	840.2	842.2
13.25	822.3	824.3	826.3	828.3	830.3	832.3	834.3	836.3	838.3	840.3	842.4
13.50	822.4	824.5	826.5	828.5	830.5	832.5	834.5	836.5	838.5	840.5	842.5
13.75	822.6	824.6	826.6	828.6	830.7	832.7	834.7	836.7	838.7	840.7	842.7
14.00	822.8	824.8	826.8	828.8	830.8	832.8	834.9	836.9	838.9	840.9	842.9
14.25	823.0	825.0	827.0	829.0	831.0	833.0	835.0	837.0	839.0	841.0	843.0
14.50	823.1	825.2	827.2	829.2	831.2	833.2	835.2	837.2	839.2	841.2	843.2
14.75	823.3	825.3	827.3	829.3	831.3	833.4	835.4	837.4	839.4	841.4	843.4
15.00	823.5	825.5	827.5	829.5	831.5	833.5	835.5	837.5	839.6	841.6	843.6
15.25	823.7	825.7	827.7	829.7	831.7	833.7	835.7	837.7	839.7	841.7	843.7
15.50	823.8	825.9	827.9	829.9	831.9	833.9	835.9	837.9	839.9	841.9	843.9
15.75	824.0	826.0	828.0	830.0	832.1	834.1	836.1	838.1	840.1	842.1	844.1

由于密度贯穿于整个石油质量计量过程中，质量计量单位为千克，与之相对应的容量的计量单位是升或者立方分米。对于初学者来说，如果使用密度单位 kg/m^3 来计算石油质量或其他时，会觉得换算麻烦且容易出错。如使用 kg/m^3，相对应的容量的计量单位就要换算到立方米，尤其是上一章静压力容量的计算，小数点定位不准就很容易出错。

为了减少差错的出现，也为了认读和书写方便，将表中的密度单位 kg/m^3 换算为密度单位 g/cm^3 来计算。

其换算关系是：

kg/m^3 换算为 g/dm^3 时，分子分母同时缩小到千分位，其值不变。如 $735.0kg/m^3$ 也可以写作 $735.0g/dm^3$；如果分子分母又同时缩小到千分位，则写作 $735.0cg/cm^3$，但运算还是不便；再将分子缩小到千分位而分母不变，则密度

单位为 $0.7350g/cm^3$ 了。这样，它与容量单位"升"或者"立方分米"关系对等，就可以很容易地计算出油品的质量"千克"了。

这样，可以将标准密度表中的如视密度 $735.0kg/m^3$ 当作 $0.7350g/cm^3$ 来读，与试验温度 $15.75℃$ 相交的标准密度 $731.2kg/m^3$ 当作 $0.7312g/cm^3$ 来读，这样在以后的计算中会方便得多。那么，采用这样的认读法后，标准密度最后结果保留位就是万分位。

1. 直接查表得出计算结果

当所测得的值与表载值相同，可从表上直接查得 ρ_{20}。

【例 5 – 1】测得 $\rho'_{16.0} = 0.7370g/cm^3$，求 ρ_{20}。

解：

查表 5 – 3 59B 产品标准密度表（汽油）$t'16.0℃$ 与 $\rho'_t0.7370g/cm^3$ 相交的 ρ_{20}，得：

$$\rho_{20} = 0.7334g/cm^3$$

答：求得该油品 ρ_{20} 为 $0.7334g/cm^3$。

2. 查表后采用内插法求得计算结果

当所测得值 ρ'_t 与表载值 ρ'_t 不相同时，采用视密度内插试验温度靠近的方法求得，其公式为：

$$\rho_{20} = \rho_{20基} + \frac{\rho_{20上} - \rho_{20基}}{\rho'_{t上} - \rho'_{t基}}(\rho'_{t测} - \rho'_{t基})$$

式中　$\rho'_{t测}$——测得的视密度值；

$\rho'_{t基}$——测得值十分位至千分位与表载值相同的 ρ'_t 值；

$\rho'_{t上}$——邻近并大于 $\rho'_{t基}$ 的 ρ'_t 值；

$\rho_{20基}$——$\rho'_{t上}$ 相对应的 ρ_{20} 值；

$\rho_{20上}$——$\rho'_{t上}$ 相对应的 ρ_{20} 值；

【例 5 – 2】测得 $\rho'_{15.7} = 0.7358g/cm^3$，求 ρ_{20}。

解：

查表 5 – 3 59B 产品标准密度表（汽油），产品标准密度表中 t' 间隔为 $0.25℃$，测得值 $t'15.7℃$ 靠近表中的 $t'15.75℃$，取其与 ρ'_t 相交的 ρ_{20}；表中 ρ'_t 间隔为 $0.002g/cm^3$，测得值 $\rho'_t0.7358g/cm^3$ 介于 $0.7350g/cm^3$ 与 $0.7370g/cm^3$ 之间，取 $0.7350g/cm^3$ 为 $\rho'_{t基}$，然后根据公式计算，得：

$$\rho_{20} = 0.7312 + \frac{0.7332 - 0.7312}{0.7370 - 0.7350}(0.7358 - 0.7350) = 0.7320g/cm^3$$

答：求得该油品 ρ_{20} 为 $0.7320g/cm^3$。

从上式看到，分子分母的差均为 0.002，商为 1。那么，后面括号内的差也就是 ρ_{20} 的尾数 0.0008g/cm^3，这对我们快速计算有好处。但分子之差还会有 0.00019 或 0.00021，其商也就为 0.95 或 1.05。所以，应引起注意。另外，视密度间隔均为 0.0002g/cm^3，ρ_{20} 之差也只有 0.00019 或 0.00021g/cm^3。如果 ρ_{20} 尾数大于 ρ_{20} 之差，那肯定把视密度相对应的 ρ_{20} 弄反了，或者计算出了差错。

【例 5 - 3】测得 $\rho'_{16.3} = 0.7365 \text{g/cm}^3$，求 ρ_{20}。

解：

查表 5-3 59B 产品标准密度表（汽油）

$$\rho_{20} = 0.7316 + \frac{0.7337 - 0.7316}{0.7370 - 0.7350}(0.7365 - 0.7350) = 0.73318 \approx 0.7332 \text{g/cm}^3$$

答： 求得该油品 ρ_{20} 为 0.7332g/cm^3。

第四节　石油标准体积的计算

石油标准体积（V_{20}）是根据查得的容积表值即非标准体积（V_t）与体积修正系数（VCF）相乘而得到，即：$V_{20} = V_t \cdot VCF$。表 60A、60B、60D 的查表方法是一样的。这里主要介绍表 60B 产品体积修正系数表（见表 5-5 和表 5-6）。

表 5-5　60B 产品体积系数表（汽油）

温度/℃	20℃密度 /（kg/m³）											
	720.0	722.0	724.0	726.0	728.0	730.0	732.0	734.0	736.0	738.0	740.0	742.0
	20℃体积修正系数											
15.75	1.0054	1.0054	1.0054	1.0054	1.0053	1.0053	1.0053	1.0053	1.0052	1.0052	1.0052	1.0052
16.00	1.0051	1.0051	1.0051	1.0050	1.0050	1.0050	1.0050	1.0050	1.0490	1.0490	1.0490	1.0490
16.25	1.0048	1.0048	1.0047	1.0047	1.0047	1.0047	1.0047	1.0046	1.0046	1.0046	1.0046	1.0046
16.50	1.0045	1.0044	1.0044	1.0044	1.0044	1.0044	1.0044	1.0043	1.0043	1.0043	1.0043	1.0043
16.75	1.0041	1.0041	1.0041	1.0041	1.0041	1.0041	1.0041	1.0040	1.0040	1.0040	1.0040	1.0040
17.00	1.0038	1.0038	1.0038	1.0038	1.0038	1.0038	1.0037	1.0037	1.0037	1.0037	1.0037	1.0037
17.25	1.0035	1.0035	1.0035	1.0035	1.0035	1.0035	1.0034	1.0034	1.0034	1.0034	1.0034	1.0034
17.50	1.0032	1.0032	1.0032	1.0032	1.0031	1.0031	1.0031	1.0031	1.0031	1.0031	1.0031	1.0031
17.75	1.0029	1.0029	1.0028	1.0028	1.0028	1.0028	1.0028	1.0028	1.0028	1.0028	1.0028	1.0027

温度/℃	20℃密度 /(kg/m³)											
	720.0	722.0	724.0	726.0	728.0	730.0	732.0	734.0	736.0	738.0	740.0	742.0
	20℃体积修正系数											
18.00	1.0026	1.0025	1.0025	1.0025	1.0025	1.0025	1.0025	1.0025	1.0025	1.0025	1.0025	1.0024
18.25	1.0022	1.0022	1.0022	1.0022	1.0022	1.0022	1.0022	1.0022	1.0022	1.0022	1.0021	1.0021
18.50	1.0019	1.0019	1.0019	1.0019	1.0019	1.0019	1.0019	1.0019	1.0019	1.0018	1.0018	1.0018
18.75	1.0016	1.0016	1.0016	1.0016	1.0016	1.0016	1.0016	1.0016	1.0015	1.0015	1.0015	1.0015
19.00	1.0013	1.0013	1.0013	1.0013	1.0013	1.0013	1.0012	1.0012	1.0012	1.0012	1.0012	1.0012
19.25	1.0010	1.0010	1.0010	1.0009	1.0009	1.0009	1.0009	1.0009	1.0009	1.0009	1.0009	1.0009
19.50	1.0006	1.0006	1.0006	1.0006	1.0006	1.0006	1.0006	1.0006	1.0006	1.0006	1.0006	1.0006
19.75	1.0003	1.0003	1.0003	1.0003	1.0003	1.0003	1.0003	1.0003	1.0003	1.0003	1.0003	1.0003
20.00	1.0000	1.0000	1.0000	1.0000	1.0000	1.0000	1.0000	1.0000	1.0000	1.0000	1.0000	1.0000
20.25	0.9997	0.9997	0.9997	0.9997	0.9997	0.9997	0.9997	0.9997	0.9997	0.9997	0.9997	0.9997
20.50	0.9994	0.9994	0.9994	0.9994	0.9994	0.9994	0.9994	0.9994	0.9994	0.9994	0.9994	0.9994
20.75	0.9990	0.9990	0.9990	0.9991	0.9991	0.9991	0.9991	0.9991	0.9991	0.9991	0.9991	0.9991
21.00	0.9987	0.9987	0.9987	0.9987	0.9987	0.9987	0.9988	0.9988	0.9988	0.9988	0.9988	0.9988
21.25	0.9984	0.9984	0.9984	0.9984	0.9984	0.9984	0.9984	0.9984	0.9985	0.9985	0.9985	0.9985
21.50	0.9981	0.9981	0.9981	0.9981	0.9981	0.9981	0.9981	0.9981	0.9981	0.9982	0.9982	0.9982
21.75	0.9978	0.9978	0.9978	0.9978	0.9978	0.9978	0.9978	0.9978	0.9978	0.9978	0.9979	0.9979
22.00	0.9974	0.9974	0.9975	0.9975	0.9975	0.9975	0.9975	0.9975	0.9975	0.9975	0.9975	0.9976
22.25	0.9971	0.9971	0.9971	0.9972	0.9972	0.9972	0.9972	0.9972	0.9972	0.9972	0.9972	0.9973
22.50	0.9968	0.9968	0.9968	0.7768	0.9969	0.9969	0.9969	0.9969	0.9969	0.9969	0.9969	0.9969
22.75	0.9965	0.9965	0.9965	0.9965	0.9965	0.9966	0.9966	0.9966	0.9966	0.9966	0.9966	0.9966
23.00	0.9962	0.9962	0.9962	0.9962	0.9962	0.9962	0.9962	0.9963	0.9963	0.9963	0.9963	0.9963
23.25	0.9958	0.9958	0.9959	0.9959	0.9959	0.9959	0.9959	0.9960	0.9960	0.9960	0.9960	0.9960
23.50	0.9955	0.9955	0.9956	0.9956	0.9956	0.9956	0.9956	0.9956	0.9956	0.9957	0.9957	0.9957
23.75	0.9952	0.9952	0.9952	0.9953	0.9953	0.9953	0.9953	0.9953	0.9953	0.9954	0.9954	0.9954
24.00	0.9949	0.9949	0.9949	0.9949	0.9950	0.9950	0.9950	0.9950	0.9950	0.9951	0.9951	0.9951
24.25	0.9946	0.9946	0.9946	0.9946	0.9947	0.9947	0.9947	0.9947	0.9947	0.9948	0.9948	0.9948
24.50	0.9942	0.9942	0.9943	0.9943	0.9943	0.9944	0.9944	0.9944	0.9944	0.9945	0.9945	0.9945
24.75	0.9939	0.9939	0.9940	0.9940	0.9940	0.9940	0.9941	0.9941	0.9941	0.9941	0.9941	0.9942
25.00	0.9936	0.9936	0.9937	0.9937	0.9937	0.9937	0.9938	0.9938	0.9938	0.9938	0.9939	0.9939

温度/℃	20℃密度/(kg/m³)											
	720.0	722.0	724.0	726.0	728.0	730.0	732.0	734.0	736.0	738.0	740.0	742.0
	20℃体积修正系数											
25.25	0.9933	0.9933	0.9933	0.9934	0.9934	0.9934	0.9934	0.9935	0.9935	0.9935	0.9936	0.9936
25.50	0.9930	0.9930	0.9930	0.9930	0.9931	0.9931	0.9931	0.9932	0.9932	0.9932	0.9932	0.9933
25.75	0.9926	0.9927	0.9927	0.9927	0.9928	0.9927	0.9928	0.9928	0.9929	0.9929	0.9929	0.9930
26.00	0.9923	0.9923	0.9924	0.9924	0.9924	0.9925	0.9925	0.9925	0.9926	0.9926	0.9926	0.9927
26.25	0.9920	0.9920	0.9921	0.9921	0.9921	0.9922	0.9922	0.9922	0.9923	0.9923	0.9923	0.9924
26.50	0.9917	0.9917	0.9917	0.9918	0.9918	0.9918	0.9919	0.9919	0.9919	0.9920	0.9920	0.9920
26.75	0.9914	0.9914	0.9914	0.9915	0.9915	0.9915	0.9916	0.9916	0.9916	0.9917	0.9917	0.9917
27.00	0.9910	0.9911	0.9911	0.9911	0.9912	0.9912	0.9913	0.9913	0.9913	0.9914	0.9914	0.9914
31.00	0.9859	0.9859	0.9860	0.9861	0.9861	0.9862	0.9862	0.9863	0.9864	0.9864	0.9865	0.9865
31.25	0.9856	0.9856	0.9857	0.9857	0.9858	0.9859	0.9859	0.9860	0.9860	0.9861	0.9862	0.9862

表 5-6 60B 产品体积系数表（柴油）

温度/℃	20℃密度/(kg/m³)											
	816.0	818.0	820.0	822.0	824.0	826.0	828.0	830.0	832.0	834.0	836.0	838.0
	20℃体积修正系数											
4.50	1.0138	1.0137	1.0136	1.0136	1.0135	1.0134	1.0134	1.0133	1.0132	1.0132	1.0131	1.0131
4.75	1.0135	1.0135	1.0134	1.0133	1.0133	1.0132	1.0131	1.0131	1.0130	1.0130	1.0129	1.0129
5.00	1.0133	1.0133	1.0132	1.0131	1.0131	1.0130	1.0129	1.0129	1.0128	1.0127	1.0127	1.0127
5.25	1.0131	1.0130	1.0130	1.0129	1.0128	1.0128	1.0127	1.0127	1.0126	1.0125	1.0125	1.0125
5.50	1.0129	1.0128	1.0127	1.0127	1.0126	1.0126	1.0125	1.0124	1.0124	1.0123	1.0123	1.0122
5.75	1.0127	1.0126	1.0125	1.0125	1.0124	1.0123	1.0123	1.0122	1.0122	1.0121	1.0121	1.0120
6.00	1.0124	1.0124	1.0123	1.0123	1.0122	1.0121	1.0121	1.0120	1.0120	1.0119	1.0119	1.0118
6.25	1.0122	1.0122	1.0121	1.0120	1.0120	1.0119	1.0119	1.0118	1.0117	1.0117	1.0116	1.0116
6.50	1.0120	1.0119	1.0119	1.0118	1.0118	1.0117	1.0116	1.0116	1.0115	1.0115	1.0114	1.0114
6.75	1.0118	1.0117	1.0117	1.0116	1.0115	1.0115	1.0114	1.0114	1.0113	1.0113	1.0112	1.0112
7.00	1.0115	1.0115	1.0114	1.0114	1.0113	1.0113	1.0112	1.0112	1.0111	1.0111	1.0111	1.0111
7.25	1.0113	1.0113	1.0112	1.0112	1.0111	1.0111	1.0110	1.0109	1.0109	1.0108	1.0108	1.0108
7.50	1.0111	1.0111	1.0110	1.0109	1.0109	1.0108	1.0108	1.0107	1.0107	1.0106	1.0106	1.0106
7.75	1.0109	1.0108	1.0108	1.0107	1.0107	1.0106	1.0106	1.0105	1.0105	1.0104	1.0104	1.0103
8.00	1.0107	1.0106	1.0106	1.0105	1.0105	1.0104	1.0104	1.0103	1.0103	1.0102	1.0102	1.0101

温度/ ℃	20℃密度 /（kg/m³）											
	816.0	818.0	820.0	822.0	824.0	826.0	828.0	830.0	832.0	834.0	836.0	838.0
	20℃体积修正系数											
8.25	1.0104	1.0104	1.0103	1.0103	1.0102	1.0102	1.0101	1.0101	1.0100	1.0100	1.0100	1.0099
8.50	1.0102	1.0102	1.0101	1.0101	1.0100	1.0100	1.0099	1.0099	1.0098	1.0098	1.0097	1.0097
8.75	1.0100	1.0099	1.0099	1.0099	1.0098	1.0098	1.0097	1.0097	1.0096	1.0096	1.0095	1.0095
9.00	1.0098	1.0097	1.0097	1.0096	1.0096	1.0095	1.0095	1.0095	1.0094	1.0094	1.0093	1.0093
9.25	1.0096	1.0095	1.0095	1.0094	1.0094	1.0093	1.0093	1.0092	1.0092	1.0091	1.0091	1.0091
9.50	1.0093	1.0093	1.0092	1.0092	1.0092	1.0091	1.0091	1.0090	1.0090	1.0089	1.0089	1.0089
9.75	1.0091	1.0091	1.0090	1.0090	1.0089	1.0089	1.0088	1.0088	1.0088	1.0087	1.0087	1.0087
10.00	1.0089	1.0088	1.0088	1.0088	1.0087	1.0087	1.0086	1.0086	1.0086	1.0085	1.0085	1.0085
10.25	1.0087	1.0086	1.0086	1.0085	1.0085	1.0085	1.0084	1.0084	1.0083	1.0083	1.0083	1.0082
10.50	1.0084	1.0084	1.0084	1.0083	1.0083	1.0082	1.0082	1.0082	1.0081	1.0081	1.0081	1.0080
10.75	1.0082	1.0082	1.0081	1.0081	1.0081	1.0080	1.0080	1.0080	1.0079	1.0079	1.0078	1.0078
11.00	1.0080	1.0080	1.0079	1.0079	1.0078	1.0078	1.0078	1.0077	1.0077	1.0077	1.0076	1.0076
11.25	1.0078	1.0077	1.0077	1.0077	1.0076	1.0076	1.0076	1.0075	1.0075	1.0074	1.0074	1.0074
11.50	1.0076	1.0075	1.0075	1.0074	1.0074	1.0074	1.0073	1.0073	1.0073	1.0072	1.0072	1.0072
11.75	1.0073	1.0073	1.0073	1.0072	1.0072	1.0072	1.0071	1.0071	1.0071	1.0070	1.0070	1.0070
12.00	1.0071	1.0071	1.0070	1.0070	1.0070	1.0069	1.0069	1.0069	1.0068	1.0068	1.0068	1.0068
12.25	1.0069	1.0069	1.0068	1.0068	1.0068	1.0067	1.0067	1.0067	1.0066	1.0066	1.0066	1.0066
12.50	1.0067	1.0066	1.0066	1.0066	1.0065	1.0065	1.0065	1.0064	1.0064	1.0064	1.0064	1.0063
12.75	1.0064	1.0064	1.0064	1.0064	1.0063	1.0063	1.0063	1.0062	1.0062	1.0062	1.0062	1.0061
13.00	1.0062	1.0062	1.0062	1.0061	1.0061	1.0061	1.0060	1.0060	1.0060	1.0060	1.0059	1.0059
13.25	1.0060	1.0060	1.0059	1.0059	1.0059	1.0059	1.0058	1.0058	1.0058	1.0057	1.0057	1.0057
13.50	1.0058	1.0058	1.0057	1.0057	1.0057	1.0056	1.0056	1.0056	1.0056	1.0055	1.0055	1.0055
13.75	1.0056	1.0055	1.0055	1.0055	1.0055	1.0054	1.0054	1.0054	1.0054	1.0053	1.0053	1.0053
14.00	1.0053	1.0053	1.0053	1.0053	1.0052	1.0052	1.0052	1.0052	1.0051	1.0051	1.0051	1.0051
14.25	1.0051	1.0051	1.0051	1.0050	1.0050	1.0050	1.0050	1.0049	1.0049	1.0049	1.0049	1.0049
14.50	1.0049	1.0049	1.0048	1.0048	1.0048	1.0048	1.0048	1.0047	1.0047	1.0047	1.0047	1.0047
14.75	1.0047	1.0046	1.0046	1.0046	1.0046	1.0046	1.0045	1.0045	1.0045	1.0045	1.0045	1.0044
15.00	1.0045	1.0044	1.0044	1.0044	1.0044	1.0043	1.0043	1.0043	1.0043	1.0043	1.0042	1.0042
15.25	1.0042	1.0042	1.0042	1.0042	1.0041	1.0041	1.0041	1.0041	1.0041	1.0040	1.0040	1.0040
15.50	1.0040	1.0040	1.0040	1.0039	1.0039	1.0039	1.0039	1.0039	1.0039	1.0038	1.0038	1.0038
15.75	1.0038	1.0038	1.0037	1.0037	1.0037	1.0037	1.0037	1.0037	1.0036	1.0036	1.0036	1.0036

一、60B 产品体积修正系数表的适应范围

见表 5-7。

表 5-7 适应范围

标准密度/(kg/m³)	计量温度/℃
650～770	-20～95
770～810	-20～125
810～1090	-20～150

二、60B 产品体积修正系数表的排列形式

见表 5-8。

表 5-8 排列形式

温度/℃	20℃密度			温度/℃	20℃密度		
	826.0	828.0	830.0		734.0	736.0	738.0
	20℃体积修正系数				20℃体积修正系数		
11.00	1.0078	1.0078	1.0077	26.00	0.9925	0.9925	0.9926
11.25	1.0076	1.0076	1.0075	26.25	0.9922	0.9923	0.9923
11.50	1.0074	1.0073	1.0073	26.50	0.9919	0.9919	0.9920
11.75	1.0072	1.0071	1.0071	26.75	0.9916	0.9916	0.9917

这里可以看出，该表的计量温度间隔为 0.25℃，标准密度间隔为 2kg/m³，而且个位为偶数。在 60B 产品体积修正系数表整个表中，在同一温度条件下，两相邻的 VCF 差值在 0～0.0002 之间。

三、60B 产品体积修正系数表的使用步骤

已知某种油品的标准密度，换算出该油品从计量温度下体积修正到标准体积的体积修正系数。

(1)根据油品类别选择相应油品的体积修正系数表。

(2)确定标准密度所在体积修正系数表中的密度区间。

(3)在标准密度栏中，查找已知的标准密度值，在温度栏中找到油品的计量温度值，二者交叉数即为该油品从计量温度修正到标准温度的体积修正系数；如果已知标准密度介于标准密度行中两相邻标准密度之间，则可以采用内插法确定其体积修正系数。温度值不用内插，仅以较接近的温度值查表。

(4)最后结果保留到十万分位。

四、60B 产品体积修正系数表的计算方法

由于贯穿于整个石油质量计量过程，我们根据查得的容积表值即非标准体积（V_t）与体积修正系数（VCF）相乘而得到石油标准体积（V_{20}），得到的结果是立方分米（dm^3）或升（L），那么，石油标准体积（V_{20}）与（$\rho_{20} - 0.0011$）相乘最后体现的则为千克。

上一节，为了减少差错的出现，也为了认读和书写方便，我们将表中的密度单位 kg/m^3 换算为密度单位 g/cm^3 来计算。由于体积修正系数（VCF）是由石油标准体积（V_{20}）除以非标准体积（V_t）所得的比值，而且体积（容积）的计量单位是一致的，那么，比值也是一致的。同样，将表中的 kg/m^3 换算为 g/cm^3 来计算，如标准密度 $734.0kg/m^3$ 我们当作 $0.7340g/cm^3$ 来读，这样在以后的计算中会方便一些。

1. 直接查表得出计算结果

当所测得值与表载值相同，可以表中直接查得 VCF。

【例 5 - 4】已知 $\rho_{20} = 0.7340g/cm^3$，$t = 26.0℃$ 时油体积为 34567L，求 VCF 并计算出该油 V_{20}。

解：

查表 5-5 60B 产品体积系数表（汽油），

得 $t26.00℃$ 与 $\rho_{20}0.7340g/cm^3$ 相交的 VCF，得：

$VCF = 0.99250$

$V_{20} = 34567 \times 0.99250 = 34307.7 \approx 34308L$

答： 求得该油品 VCF 为 0.99250，V_{20} 为 34308L。

> **提示：**
>
> VCF 计算结果保留位为十万分位，表上数据为万分位，直接从表上查得的数据应在后面补上一个 0，使之保留到十万分位。

2. 查表后采用内插法求得计算结果

当提供的 ρ_{20} 与表载值不相同时，采用标准密度内插计量温度靠近的方法求得。其公式为：

$$VCF = VCF_基 + \frac{VCF_上 - VCF_基}{\rho_{20上} - \rho_{20基}}(\rho_{20测} - \rho_{20基})$$

式中 $\rho_{20测}$——提供的标准密度值；

$\rho_{20基}$——提供的 ρ_{20} 十分位至万分位与表载值相同的 ρ_{20} 值；

$\rho_{20上}$——邻近并大于 $\rho_{20基}$ 的 ρ_{20} 值；

$VCF_上$——$\rho_{20上}$ 相对应的 VCF。

【例 5 −5】已知 $\rho_{20} = 0.7347 \mathrm{g/cm}^3$，$t = 26.2℃$ 时油体积为 34567L，求 VCF 并计算出该油品的 V_{20}。

解：

查表 5-5 60B 产品体积系数表（汽油）。

产品体积修正系数表中 t 间隔为 0.25℃，测得值 $t26.2℃$ 靠近表中的 $t26.25℃$，取其与 ρ_{20} 相交的 VCF；表中 ρ_{20} 间隔为 $0.002 \mathrm{g/cm}^3$，提供的 ρ_{20} $0.7192 \mathrm{g/cm}^3$ 介于 $0.7340 \mathrm{g/cm}^3$ 与 $0.7360 \mathrm{g/cm}^3$ 之间，取 $0.73400 \mathrm{g/cm}^3$ 为 $\rho_{20基}$，然后根据公式计算，得：

$$VCF = 0.9922 + \frac{0.9923 - 0.9922}{0.7360 - 0.7340}(0.7347 - 0.7340) = 0.992235 \approx 0.99224$$

$$V_{20} = 34567 \times 0.99224 = 34298.8 \approx 34299 \mathrm{L}$$

答：该油品 VCF 为 0.99224，V_{20} 为 34299L。

> **提示：**
>
> 从上式看到，分子的差为 0.0001，分母始终为 0.002，商为 0.05，这是在 t 高于 20℃ 的情况下。反之，t 低于 20℃ 的情况下，商为 −0.05。如果，分子的差为 0，那么 VCF 尾数就没有必要计算了。在 t 远离标准 10℃ 以上时，分子的差可能为 0.0002。这对我们快速计算有好处。另外，我们用 0.05 或者 −0.05 去乘以后面括号内的差，其 VCF 尾数大于 0.0001 或者 −0.0001，那肯定把 ρ_{20} 相对应的 VCF 弄反了，或者计算出了差错。在 t 远离标准 10℃ 以上时，分子的差可能为 0.0002。我们用 0.1 或者 −0.1 去乘以后面括号内的差，其 VCF 尾数大于 0.0002 或者 −0.0002，那也肯定把 ρ_{20} 相对应的 VCF 弄反了，或者计算出了差错。

【例 5 −6】已知 $\rho_{20} = 0.8271 \mathrm{g/cm}^3$，$t = 11.7℃$ 时油体积为 34567L，求 VCF 并计算出该油品的 V_{20}。

解：

$$VCF = 1.0072 + \frac{1.0071 - 1.0072}{0.8280 - 0.8260}(0.8271 - 0.8260) = 1.007145 \approx 1.00714$$

$$V_{20} = 34567 \times 1.00714 = 34813.8 \approx 34814 \mathrm{L}$$

答：该油 VCF 为 1.00714，V_{20} 为 34814L。

3. 查《加油站汽车油罐车油品验收 VCF 计算简表》求得计算结果

《加油站汽车油罐车油品验收 VCF 计算简表》（见表 5−9 和表 5−10）根据 GB/T 1885—1998《石油计量表》制成，辅以简单的公式，计算出体积修正系数 VCF。《加油站汽车油罐车油品验收 VCF 计算简表》计算方法简单；准确度较高，其计算结果 VCF 与 GB/T 1885—1998《石油计量表》计算结果 VCF 比较，误差绝对值约为 0.0000 ~ 0.0008；便于携带，汽油、柴油在日常工作的温度和密度范围仅各一页表；很适合实行以升为单位进货验收的加油站。

表 5-9 加油站汽车油罐车油品验收 VCF 计算简表（汽油）

ρ_{20} $\diagdown$ t℃ / VCF	0.69g/cm³		0.695g/cm³		0.700g/cm³		0.705g/m³		0.710g/cm³		0.715g/cm³		0.720g/cm³	
	$VCF_基$	Δt	$VCF_基$	Δt	$VCF_基$	Δt	$VCF_基$	Δt	$VCF_基$	Δt	$VCF_基$	Δt	$VCF_基$	Δt
-10	1.04040	0.00670	1.04000	0.00660	1.03950	0.00650	1.03910	0.00645	1.03870	0.00640	1.03830	0.00635	1.03790	0.00630
-5	1.03370	0.00660	1.03340	0.00665	1.03300	0.00650	1.03265	0.00650	1.03230	0.00640	1.03195	0.00630	1.03160	0.00620
0	1.02710	0.00680	1.02675	0.00660	1.02650	0.00660	1.02615	0.00650	1.02590	0.00640	1.02565	0.00640	1.02540	0.00630
5	1.02030	0.00670	1.02015	0.00670	1.01990	0.00660	1.01965	0.00650	1.01950	0.00650	1.01925	0.00640	1.01910	0.00640
10	1.01360	0.00680	1.01345	0.00675	1.01330	0.00660	1.01315	0.00655	1.01300	0.00650	1.01285	0.00640	1.01270	0.00630
15	1.00680	0.00680	1.00670	0.00670	1.00670	0.00670	1.00660	0.00660	1.00650	0.00650	1.00645	0.00645	1.00640	0.00640
20	1.00000	0.00680	1.00000	0.00675	1.00000	0.00670	1.00000	0.00660	1.00000	0.00650	1.00000	0.00650	1.00000	0.00640
25	0.99320	0.00690	0.99325	0.00680	0.99330	0.00670	0.99340	0.00665	0.99350	0.00660	0.99350	0.00645	0.99360	0.00640
30	0.98630	0.00690	0.98645	0.00680	0.98660	0.00680	0.98675	0.00665	0.98690	0.00660	0.98705	0.00650	0.98720	0.00650
35	0.97940	0.00690	0.97965	0.00680	0.97990	0.00680	0.98010	0.00665	0.98030	0.00660	0.98055	0.00660	0.98070	0.00640
40	0.97250	0.00690	0.97285	0.00685	0.97310	0.00680	0.97345	0.00675	0.97370	0.00660	0.97395	0.00650	0.97430	0.00650

ρ_{20} $\diagdown$ t℃ / VCF	0.725g/cm³		0.730g/cm³		0.735g/cm³		0.740g/cm³		0.745g/cm³		0.750g/cm³		0.755g/cm³	
	$VCF_基$	Δt	$VCF_基$	Δt	$VCF_基$	Δt	$VCF_基$	Δt	$VCF_基$	Δt	$VCF_基$	Δt	$VCF_基$	Δt
-10	1.03750	0.00615	1.03710	0.00610	1.03675	0.00610	1.03640	0.00610	1.03600	0.00595	1.03560	0.00580	1.03530	0.00585
-5	1.03135	0.00620	1.03100	0.00620	1.03065	0.00610	1.03040	0.00610	1.03005	0.00600	1.02980	0.00590	1.02945	0.00580
0	1.02515	0.00630	1.02480	0.00610	1.02455	0.00610	1.02430	0.00610	1.02405	0.00595	1.02390	0.00600	1.02365	0.00590
5	1.01885	0.00625	1.01870	0.00620	1.01845	0.00610	1.01830	0.00610	1.01810	0.00600	1.01790	0.00590	1.01775	0.00590

t℃	0.725g/cm³		0.730g/cm³		0.735g/cm³		0.740g/cm³		0.745g/cm³		0.750g/cm³		0.755g/cm³	
p_{20} / VCF	$VCF_{基}$	Δt	$VCF_{基}$	Δt	$VCF_{基}$	Δt	$VCF_{基}$	Δt	$VCF_{基}$	Δt	$VCF_{基}$	Δt	$VCF_{基}$	Δt
10	1.01260	0.00630	1.01250	0.00630	1.01235	0.00615	1.01220	0.00610	1.01210	0.00605	1.01200	0.00600	1.01185	0.00595
15	1.00630	0.00630	1.00620	0.00620	1.00620	0.00620	1.00610	0.00610	1.00605	0.00605	1.00600	0.00600	1.00590	0.00590
20	1.00000	0.00630	1.00000	0.00630	1.00000	0.00630	1.00000	0.00610	1.00000	0.00610	1.00000	0.00600	1.00000	0.00595
25	0.99370	0.00630	0.99370	0.00630	0.99380	0.00630	0.99390	0.00620	0.99390	0.00610	0.99400	0.00610	0.99405	0.00600
30	0.98730	0.00640	0.98740	0.00635	0.98755	0.00630	0.98770	0.00620	0.98780	0.00610	0.98790	0.00600	0.98805	0.00600
35	0.98095	0.00635	0.98110	0.00640	0.98125	0.00620	0.98150	0.00620	0.98170	0.00615	0.98190	0.00610	0.98205	0.00600
40	0.97455	0.00645	0.97480	0.00645	0.97505	0.00640	0.97530	0.00620	0.97555	0.00610	0.97580	0.00610	0.97605	0.00600

表 5-10　加油站汽车油罐车油品验收 VCF 计算简表（柴油）

t℃	0.810g/cm³		0.815g/cm³		0.820g/cm³		0.825g/m³		0.830g/cm³		0.835g/cm³		0.840g/cm³	
p_{20} / VCF	$VCF_{基}$	Δt	$VCF_{基}$	Δt	$VCF_{基}$	Δt	$VCF_{基}$	Δt	$VCF_{基}$	Δt	$VCF_{基}$	Δt	$VCF_{基}$	Δt
-10	1.02690	0.00440	1.02655	0.00440	1.02630	0.00440	1.02595	0.00430	1.02560	0.00420	1.02535	0.00420	1.02510	0.00410
-5	1.02250	0.00450	1.02215	0.00440	1.02190	0.00430	1.02165	0.00430	1.02140	0.00430	1.02115	0.00420	1.02100	0.00420
0	1.01800	0.00450	1.01775	0.00440	1.01760	0.00440	1.01735	0.00430	1.01710	0.00420	1.01695	0.00415	1.01680	0.00420
5	1.01350	0.00450	1.01335	0.00445	1.01320	0.00440	1.01305	0.00435	1.01290	0.00430	1.01280	0.00430	1.01260	0.00420
10	1.00900	0.00450	1.00890	0.00440	1.00880	0.00440	1.00870	0.00435	1.00860	0.00430	1.00850	0.00425	1.00840	0.00420
15	1.00450	0.00450	1.00450	0.00450	1.00440	0.00450	1.00435	0.00435	1.00430	0.00430	1.00425	0.00425	1.00420	0.00420
20	1.00000	0.00450	1.00000	0.00450	1.00000	0.00440	1.00000	0.00440	1.00000	0.00430	1.00000	0.00430	1.00000	0.00420

ρ_{20} / VCF t°C	0.810g/cm³		0.815g/cm³		0.820g/cm³		0.825g/m³		0.830g/cm³		0.835g/cm³		0.840g/cm³	
	$VCF_基$	Δt	$VCF_基$	Δt	$VCF_基$	Δt	$VCF_基$	Δt	$VCF_基$	Δt	$VCF_基$	Δt	$VCF_基$	Δt
25	0.99550	0.00460	0.99550	0.00445	0.99560	0.00440	0.99560	0.00435	0.99570	0.00430	0.99570	0.00425	0.99580	0.00430
30	0.99090	0.00450	0.99105	0.00450	0.99120	0.00450	0.99125	0.00440	0.99140	0.00440	0.99145	0.00425	0.99150	0.00420
35	0.98640	0.00460	0.98655	0.00450	0.98670	0.00440	0.98685	0.00440	0.98700	0.00430	0.98720	0.00430	0.98730	0.00430
0.98180	0.00460	0.98205	0.00450	0.98230	0.00450	0.98245	0.00440	0.98270	0.00440	0.98290	0.00435	0.98300	0.00420	

ρ_{20} / VCF t°C	0.845g/cm³		0.850g/cm³		0.855g/cm³		0.860g/m³		0.865g/cm³		0.870g/cm³		0.875g/cm³	
	$VCF_基$	Δt	$VCF_基$	Δt	$VCF_基$	Δt	$VCF_基$	Δt	$VCF_基$	Δt	$VCF_基$	Δt	$VCF_基$	Δt
-10	1.02495	0.00410	1.02480	0.00410	1.02455	0.00405	1.02440	0.00400	1.02420	0.00400	1.02400	0.00400	1.02405	0.00415
-5	1.02085	0.00415	1.02070	0.00410	1.02050	0.00405	1.02040	0.00410	1.02020	0.00400	1.02000	0.00390	1.01990	0.00395
0	1.01670	0.00420	1.01660	0.00420	1.01645	0.00410	1.01630	0.00410	1.01620	0.00405	1.01610	0.00400	1.01595	0.00395
5	1.01250	0.00415	1.01240	0.00410	1.01235	0.00415	1.01220	0.00400	1.01215	0.00405	1.01210	0.00410	1.01200	0.00400
10	1.00835	0.00415	1.00830	0.00410	1.00820	0.00410	1.00820	0.00410	1.00810	0.00400	1.00800	0.00400	1.00800	0.00400
15	1.00420	0.00420	1.00420	0.00420	1.00410	0.00410	1.00410	0.00410	1.00410	0.00410	1.00400	0.00400	1.00400	0.00400
20	1.00000	0.00420	1.00000	0.00420	1.00000	0.00410	1.00000	0.00410	1.00000	0.00410	1.00000	0.00400	1.00000	0.00400
25	0.99580	0.00420	0.99580	0.00420	0.99590	0.00420	0.99590	0.00410	0.99590	0.00405	0.99600	0.00410	0.99600	0.00400
30	0.99160	0.00420	0.99170	0.00420	0.99170	0.00410	0.99180	0.00410	0.99185	0.00410	0.99190	0.00400	0.99200	0.00405
35	0.98740	0.00425	0.98750	0.00420	0.98760	0.00420	0.98770	0.00420	0.98775	0.00410	0.98790	0.00410	0.98795	0.00405
40	0.98315	0.00420	0.98330	0.00420	0.98340	0.00415	0.98350	0.00410	0.98365	0.00410	0.98380	0.00410	0.98390	0.00405

计算 V_{20}，关键在于确定 VCF。VCF 通过 ρ_{20} 和 t 查得。在 ρ_{20}（单位为 g/cm³）这栏，我们取到千分位。其道理在于：当温度在 20℃ 时，其 VCF 为 1；远离标准温度 10℃，其误差绝对值为 0.0002~0.0003；远离标准温度 20℃，其误差绝对值也只有 0.0004~0.0006。对于油车运输互不找补幅度 0.2% 乃至不少地方实行的保量运输，这点误差显然无大的影响。而且油品的标准密度，一是发货方可提供，二是确定大致 ρ_{20} 即行（如某时期汽油 ρ_{20} 约 0.6900g/cm³，取表载值 0.690g/cm³ 的 VCF 为基数；某时期汽油 ρ_{20} 约 0.6949g/cm³，取表载值 0.690g/cm³ 的 VCF 为基数）。可省却逐车采样测密度的麻烦。关于计量温度 t，这是不可忽略的数据，必须逐车计量，否则，将有较大的误差。当然，采用 Vt 验收，同样，不计量计量温度 t，那将会有更大的误差。《加油站汽车油罐车油品验收 VCF 计算简表》中确定每 5℃ 为一间隔，并列出两相间 VCF 的温差值，节省了计算时间。其计算公式为：

$$VCF = VCF_{基} - \Delta t/5\,(t_{测} - t_{小})$$
$$V_{20} = V_t \cdot VCF$$

【例 5-7】某加油站收汽油，测得 $t = 27.0℃$，知 $\rho_{20} = 0.7248\text{g/cm}^3$，测量并查得 $V_t = 10800\text{L}$，试用《加油站汽车油罐车油品验收 VCF 计算简表》求 $VCF \cdot V_{20}$，并与国标计算比较。

解：

取 $\rho_{20} = 0.720\text{g/cm}^3$ 与 $t = 25℃$ 相交的 $VCF\,0.99360$ 为基数

$VCF = 0.99360 - \dfrac{0.00640}{5}(27.0 - 25.0) = 0.99360 - 0.00256 = 0.99104$

$V_{20} = 10800 \times 0.99104 = 10703.2 \approx 10703\text{L}$

查国标 $VCF = 0.9911$

$V_{20} = 10800 \times 0.9911 = 10703.9 \approx 10704\text{L}$

两者 VCF 误差为 0.00006。

【例 5-8】某加油站收柴油，测得 $t = 5.5℃$，知 $\rho_{20} = 0.8354\text{g/cm}^3$，测量并查得 $V_t = 10800\text{L}$，试用《加油站汽车油罐车油品验收 VCF 计算简表》求 VCF，V_{20} 并与国标计算比较。

解：

取 $\rho_{20} = 0.835\text{g/cm}^3$ 与 $t = 5℃$ 相交的 $VCF\,1.01260$ 为基数。

$VCF = 1.01280 - \dfrac{0.00430}{5}(5.5 - 5.0) = 1.01280 - 0.00043 = 1.01237$

$V_{20} = 10800 \times 1.01237 = 10933.6 \approx 10934\text{L}$

查国标 $VCF = 1.01230$

$V_{20} = 10800 \times 1.01230 = 10932.8 \approx 10933L$

两者 VCF 误差为 0.00007。

综上所述，如果发货方、收货方、承运方达成一致协议，加油站罐车油品验收，只需测量液高和计量温度，通过《加油站汽车油罐车油品验收 VCF 计算简表》计算出 V_{20}，可以满足以升为单位结算方式的准确度要求。这种方法也可用于加油站交接班计量、盘点计量以及油库、加油站的其他计量等。当然，各方未达成协议，当《加油站汽车油罐车油品验收 VCF 计算简表》计算结果与 GB/T 1885—1998《石油计量表》计算结果有差异时，以 GB/T 1885—1998《石油计量表》计算结果为准。

还有，不能图简便，将 GB/T 1885—1998《石油计量表》和《加油站汽车油罐车油品验收 VCF 计算简表》混合起来用，这样会使计量结果受到影响。

五、流量计油品容量的计算

1. 标准体积的计算

流量计容量的计算与油罐容量计算差不多。不同的是油罐是通过测得油罐液高再查油罐容量表(V_t)，然后计算标准体积(V_{20})；流量计是根据开启流量计到流量计停止输油所留在显示器上的示值(V_t)，然后计算标准体积(V_{20})。

【例 5 – 9】经流量计计量的流量为 38723dm³，在流量计出口取样测得 $\rho_{14.0} = 0.8290g/cm^3$，$t = 14.3℃$，求在标准温度时的体积流量值。

解：

$\rho_{20} = 0.8248g/cm^3$

$VCF = 1.00500$

$V_{20} = 38723 \times 1.00500$

$\qquad = 38916.6 \approx 38917dm^3$

答： 发此批油 V_{20} 为 38917dm³。

> **提示：**
> 流量计出口取样测量更具有流量计参数的代表性。

2. 使用流量计系数对石油体积的计算

工作用流量计经检定后会给出一个误差修正系数。一般有两种：一是误差修正系数(MF)；二是相对误差(E)。

（1）误差修正系数(MF)。误差修正系数(MF)是指对流量计的修正。计算油品容量时，应对油品进行修正。

公式为：

$$V = V_t \times MF$$

式中　V——被测液体的准确体积；

　　　V_t——流量计的体积读数。

【例5-10】某流量计的示值为35386dm³，流量计系数为0.99650，求被测流体的准确体积。

解：

$V = 35386 \times 0.99650 = 35262.1 \approx 35262dm^3$

答： 发油体积为35262dm³。

> **提示：**
>
> 当流量计系数小于1，则表示实发油体积小于流量计的示值；如果流量计系数大于1，则表示实发油体积大于流量计的示值。

(2)相对误差(E)。相对误差(E)是指对流量计的修正。计算油品容量时，同样应对油品进行修正。

公式为：

$$V = V_t / (1 + E)$$

【例5-11】某流量计的相对误差为0.28%，示值为458768dm³，求体积流量的准确值。

解：

$V = 458768 / (1 + 0.28\%) = 457487.0 \approx 457487dm^3$

答： 发油体积为457487dm³。

> **提示：**
>
> 相对误差是示值减去标准值再除以标准值。为正值，说明实发油体积小于流量计的示值；为负值，说明实发油体积大于流量计的示值。

【例5-12】某流量计的相对误差为-0.15%，如果需要发油50000dm³，求流量计发出的体积量。

解：

$V = 50000 \times (1 - 0.15\%) = 49925dm^3$

答： 流量计发出量为49925dm³。

六、油罐罐壁温度的体积修正

石油体积的计算，还涉及到油罐罐壁温度对罐壁胀缩的影响，应该进行修正。对于保温油罐，其V_{20}的计算公式为：

$$V_{20} = V_{t1} \times [1 + \alpha(t - 20)] \times VCF$$

式中 α——油罐材质体积膨胀系数(碳钢材质一般取 $\alpha = 3.6 \times 10^{-5}$),1/℃;

$\quad\quad V_{t1}$——油罐内油品容积表查值(非标准体积);

$\quad\quad t$——油品计量温度,代替罐壁温度,℃。

对于非保温罐,由于罐壁内外温差大,t 为罐内、外壁温度的平均值,即 $t = \frac{1}{2}(t_1 + t_2)$,其中 t_1 为罐内油品计量温度,t_2 为罐外温度。由于环境温度比较复杂,非保温罐的罐壁温度,难以准确测定。一般情况下,在计量温度 t 与标准温度20℃差值不超过10℃时,不作钢罐温度体积修正,即:

$$V_{20} = V_t \times VCF$$
$$V_t = V_{t1}$$

超过范围,则按 $V_{20} = V_t \times [1 + \alpha(t - 20)] \times VCF$ 计算。

1. 保温罐油的 V_{20} 计算

【例5-13】10号拱顶立式金属保温罐储存0号柴油,测得油高10200mm,$\rho'_{13.6} = 0.8310\text{g/cm}^3$,$t = 12.8℃$,求该罐储存0号柴油 V_{20}。

解:$\rho_{20} = 0.8265\text{g/cm}^3$

$\quad VCF = 1.00630$

$\quad V_{t1} = 1826840 + 1194 \times 0.8265 = 1827826.8\text{L}$

$\quad V_{20} = 1827826.8 \times [1 + 0.000036(12.8 - 20)] \times 1.00630$

$\quad\quad = 1827826.8 \times 0.9997408 \times 1.00630$

$\quad\quad = 1838865.4 \approx 1838865\text{L}$

答:10号立式金属保温油罐储存0号柴油 V_{20} 1838865L。

提示:

保温油罐无论计量温度高低,都要对罐壁胀缩进行修正。

2. 非保温罐油的 V_{20} 计算

【例5-14】10号拱顶立式金属非保温罐储存90号汽油,测得油水总高6000mm,$\rho'_{31.2} = 0.7250\text{g/cm}^3$,$t_1 = 31.0℃$,$t_2 = 31.2℃$,求该罐储存90号汽油 V_{20}。

解:$\rho_{20} = 0.7351\text{g/cm}^3$

$\quad VCF = 0.9864$

$\quad t = \frac{1}{2}(31.0 + 31.2) = 31.1℃$

$\quad V_{t1} = 1073745 + 346 \times 0.7351$

$$= 1073745 + 254.3$$

$$= 1073999.3L$$

$$V_{20} = 1073999.3[1 + 0.000036(31.1 - 20.0)] \times 0.98640$$

$$= 1073999.3 \times 1.0003996 \times 0.98640$$

$$= 1059816.2 \approx 1059816L$$

答：7 号罐储存 90 号汽油 V_{20} 1059816L。

> **提示：**
>
> 非保温油罐只有在计量温度远离标准温度10℃时(如9.9℃、30.1℃)，才对罐壁胀缩进行修正；VCF 的查表参数是标准密度和油的计量温度，V_{20} 计算的温度是油的计量温度和罐壁温度的平均值。

第五节   石油空气中质量的计算

石油空气中质量依据中华人民共和国国家标准 GB/T1885—1998《石油计量表》公式计算，即：

$$m = V_{20} \times (\rho_{20} - 1.1)$$

把密度 kg/m^3 换算为 g/cm^3，其公式为：

$$m = V_{20} \times (\rho_{20} - 0.0011)$$

对于浮顶油罐，在浮盘起浮后，应在油品总质量中减去浮盘质量(重量)，其公式为：

$$m = V_{20} \times (\rho_{20} - 0.0011) - G$$

式中 G——油罐浮顶质量(重量)。

一、汽车油罐车油品质量计算

【例 5 – 15】2 号汽车油罐车(实高表)运输 90 号汽油一车，测得油高 1070mm，$\rho_{23.8} = 0.7350g/cm^3$，$t = 24.5℃$，求收油量。

解： $\rho_{20} = 0.7383g/cm^3$

$VCF = 0.99450$

$V_{24.5} = 10607L$

$m = 10607 \times 0.99450 \times (0.7383 - 0.0011) = 7776.5 \approx 7776kg$

答：2 号汽车油罐车收油量为 7776kg。

【例5-16】3 号汽车油罐车(空高表)运输 0 号柴油一车，用丁字尺测得空高 223mm，测得 $\rho'_{15.8}=0.8386\text{g/cm}^3$，$t=15.6℃$，求收油量。

解：$\rho_{20}=0.8341+\dfrac{0.8361-0.8341}{0.8390-0.8370}(0.8386-0.8370)=0.8357\text{g/cm}^3$

$VCF=1.00380$

$V_{15.6}=9385+\dfrac{9367-9385}{230-220}(223-220)=9385-5.4=9379.6\text{L}$

$m=9379.6\times1.00380\times(0.8357-0.0011)=7858.0\approx7858\text{kg}$

答：3 号汽车油罐车收 0 号柴油 7858kg。

提示：

　　油罐空高大时，则装油容量少；油罐空高小时，则装油容量多。因此，大的空高对应的值，必定是小容量。

【例5-17】4 号汽车油罐车(实高表)运输 93 号汽油一车，测得油高 1018mm，$\rho_{23.8}=0.7332\text{g/cm}^3$，$t=23.4℃$，求收油量。

解：$\rho_{20}=0.7364+\dfrac{0.7383-0.7364}{0.7350-0.7330}(0.7332-0.7330)=0.73659\approx0.7366\text{g/cm}^3$

$VCF=0.9956+\dfrac{0.9957-0.9956}{0.7380-0.7360}(0.7366-0.7360)=0.99563$

$V_{23.4}=10547+(1018-980)\times1.52=10604.8\text{L}$

$m=10604.8\times0.99563\times(0.7366-0.0011)=7765.7\approx7766\text{kg}$

答：4 号汽车油罐车收油量为 7766kg。

提示：

　　每 mm 容量是指累计容量下一行的每 mm 容量，千万不要乘以累计容量同一行的每 mm 容量。

【例5-18】5 号汽车油罐车(空高表)运输 0 号柴油一车，用钢卷尺测得 H_1 485mm，测得 H_2 263MM，测得 $\rho'_{4.8}=0.8420\text{g/cm}^3$，$t=4.7℃$，求收油量。

解：$\rho_{20}=0.8304+\dfrac{0.8325-0.8304}{0.8430-0.8410}(0.8420-0.8410)=0.83145\approx0.8314\text{g/cm}^3$

$VCF=1.0131+\dfrac{1.0130-1.0131}{0.8320-0.8300}(0.8314-0.8300)=1.01303$

$HY = 485 - 263 = 222\text{mm}$

$V_{4.7} = 9315 + (260 - 222) \times 1.82 = 9384.2\text{L}$

$m = 9384.2 \times 1.01303 \times (0.8314 - 0.0011) = 7893.2 \approx 7893\text{kg}$

答：5 号汽车油罐车收油量为 7893kg。

> 提示：
>
> 测空表括号内是前止点高度减去计量高度，不同于测实表计量高度减去前止点高度。

二、铁路油罐车油品质量计算

1. 简明铁路罐车容积表

【例 5 - 19】验收表号为 m901 的铁路罐车 0 号柴油，测得油高 2760mm，$\rho'_{13.0} = 0.8390\text{g/cm}^3$，$t = 13.5℃$，求该收油量是多少？

解：$\rho_{20} = 0.8342\text{g/cm}^3$

$VCF = 1.00550$

$V_t = 55663 + 24.8121 \times 1 = 55687.8\text{L}$

$m = 55687.8 \times 1.00550 \times (0.8432 - 0.0011) = 47152.6 \approx 47153\text{kg}$

答：该车收油 47153kg。

> 提示：
>
> 应注意系数与车号尾数相乘；如果需要修正时，包括主容量和系数都要进行内插修正。

2. 特种罐车容积表

【例 5 - 20】收车号为 6270407 表号为 TX386 的铁路罐车 90 号汽油，测得油高 2560mm，$\rho'_{19.9} = 0.7410\text{g/cm}^3$，$t = 20.2℃$，求收油量。

解：$\rho_{20} = 0.7410\text{g/cm}^3$

$VCF = 0.99970$

$m = 66069 \times 0.99970 \times (0.7410 - 0.0011) = 48869.8 \approx 48870\text{kg}$

答：车号为 6270407 的铁路罐车收 90 号汽油 48870kg。

三、卧式金属油罐油品质量的计算

【例 5 - 21】10 号拱顶立式金属罐输转 0 号柴油到 9 号卧式金属罐，9 号卧罐输转前存油 10115kg，输转后测得油高 2678mm，$\rho'_{14.8} = 0.8338\text{g/cm}^3$，$t = 14.1℃$，知 10 号拱顶罐输出量为 25110kg，求 9 号卧罐实际输入量和输转溢损量。

解：

①9 号卧罐输转后：

$$V_t = 42195 + \frac{42274 - 42195}{268 - 267}(267.8 - 267) = 42258.2L$$

$$\rho_{20} = 0.8293 + \frac{0.8314 - 0.8293}{0.8350 - 0.8330}(0.8338 - 0.8330) = 0.83014 \approx 0.8301g/cm^3$$

$$VCF = 1.0052 + \frac{1.0051 - 1.0052}{0.8320 - 0.8300}(0.8301 - 0.8300) = 1.005195 \approx 1.00520$$

$$m = 42258.2 \times 1.00520 \times (0.8301 - 0.0011) = 35214.2 \approx 35214kg$$

②输入量 $= 35214 - 10115 = 25099kg$

③输转损耗量 $= 25099 - 25110 = -11kg$

答：9 号卧式金属罐 0 号柴油输入量为 25099kg，输转损耗量为 11kg。

提示：

计算油品质量时，不要忘了标准密度减去空气浮力修正值。

数据多，应注意审题，理清头绪，分罐分步骤计算。

四、立式金属油罐油品质量的计算

【例 5 - 22】11 号浮顶立式金属罐储存 90 号汽油，测得油高 1801mm，$\rho'_{-9.2}$ $= 0.7850g/cm^3$，$t_1 = -8.8℃$，$t_2 = -8.6℃$，求该罐储存 90 号汽油质量。

解：$\rho_{20} = 0.7596g/cm^3$

$$VCF = 1.0336 + \frac{1.0335 - 1.0336}{0.7600 - 0.7580}(0.7596 - 0.7580) = 1.03352$$

$$t = \frac{1}{2}\left[(-8.8) + (-8.6)\right] = -8.7℃$$

$$V_{t1} = 323967 + 182 + 18 \times 0.7596$$

$$= 324162.7L$$

$$V_{20} = 324162.7\{1 + 0.000036[(-8.7) - 20.0]\} \times 1.03352$$

$$= 324162.7 \times 0.9989668 \times 1.03352$$

$$= 334682.5L$$

$$m = 334682.5 \times (0.7596 - 0.0011) - 9409$$

$$= 253856.7 - 9409$$

$$= 244447.7 \approx 244448kg$$

答：11 号罐储存 90 号汽油 244448kg。

五、流量计油品质量的计算

【例 5 – 23】某油库准备发柴油 50000kg，知 $\rho_{20} = 0.8379\text{g/cm}^3$，$t = 15.8℃$，求流量计的发油体积。

解：$VCF = 1.00360$

$V_{20} = 50000/(0.8379 - 0.0011)$

$\qquad = 59751.4\text{dm}^3$

$V_t = 59751.4/1.00360$

$\quad = 59537.1 \approx 59537\text{dm}^3$

答：流量计发油体积为 59537dm^3。

【例 5 – 24】某流量计测得汽油的流量为 338556dm^3，知 $\rho_{20} = 0.7339\text{g/cm}^3$，$t = 25.0℃$，流量计系数为 1.0018，求汽油的质量。

解：$VCF = 0.99380$

$m_1 = 338556 \times 0.99380 \times (0.7339 - 0.0011)$

$\quad = 246555.7\text{kg}$

$m = 246555.7 \times 1.0018 = 246999.4 \approx 246999\text{kg}$

答：发出汽油量为 246999kg。

第六章　油品损耗管理

编者按：

　　石油是一种极易挥发的产品，因而在生产运输保管过程中产生很大的损失，而且给计量带来困难。要驾驭这匹"野马"，就要掌握它的规律。经过千百次的实验，找出它在静止、流转过程中所产生的损耗率。就要加大管理力度，降低油品的损耗。本章主要是对油品损耗的原因做些分析，按照国家的标准计算出油品在各种情况下所产生的损耗量。

　　石油是一种极易造成损耗的产品。石油产品自然损耗贯穿于商品流转的全部过程和每个操作环节。

　　做好石油降耗工作，是每一个石油计量员应尽的职责。

　　石油产品自然损耗依照中华人民共和国国家标准 GB 11085—89《散装液态石油产品损耗标准》执行。

第一节　损耗原因

损耗为蒸发损耗和残漏损耗的总称。

一、蒸发损耗

蒸发损耗是指油品在温度作用下，其液体表面的自由分子，克服液体引力，变成蒸气分子离开液面而扩散到空间，造成液体的损失。蒸发性强的石油成品油主要是轻质油品如汽油、煤油、轻柴油等。蒸发损耗不仅造成油品数量上的减少，同时还会引起质量的下降。散失到大气中的油蒸气，不仅造成了空气污染，而且还形成了潜在的火灾危险。

蒸发是造成油品损耗的主要原因。

蒸发损耗在油品经营过程中表现为：

1. 储存保管过程

（1）散装

①小呼吸损失。不动转的储存油罐，白天受热罐内温度升高，油品蒸发速度加快，蒸气压也随之增高。当气体压力增加到油罐呼吸阀极限时就要放出气体；相反夜间气温下降，油和油蒸气体积收缩，罐内又要吸进空气。小呼吸蒸发损失量与油罐存油量、空容量、罐内允许承受蒸气压力以及温度的变化有着密切的关系。温差大，蒸发损失大，温差小，蒸发损失就小；空容量大，蒸发损失大，空容量小，蒸发损失就小。

②大呼吸损失。当向油罐注入石油产品，由于罐内液体体积增加，油罐内气体体积受到压力增加，当压力增至呼吸阀压力极限时，呼吸阀自动开启排气；相反，从油罐输出油时，减少罐内液体体积，使罐内压力降低，当压力降至呼吸阀负压极限时，则吸进空气。这种由于输转油致使油罐排出蒸气和吸入空气的过程叫做大呼吸。如果同品种油品经常输转，则罐与罐之间都有较大的损耗，增大总的损耗量。

③空罐装油蒸发损失。新投产或经过大修后的油罐，进油后，罐内油品就开始了蒸发，一直蒸发至罐内气体空间达到饱和状态为止。在同样的储存条件下，蒸发损失的大小还与蒸发面积、罐外壁抵御辐射的能力、油罐的密封程度等有很大关系。油罐储油少，则空容量大，损失就大。如果频繁地进行计量等作业，则罐内蒸气呼出至外界大气平衡，造成的损失更大。当大批量油如果选择装进一个能容纳这批油的立式油罐或几个卧式油罐，可以肯定，立式油罐油损失要少得多，其原因是卧式油罐与外界接触的单位面积比立式油罐要大得多。罐壁涂刷的银白色颜色比黑颜色的油品损失要小，其原因是辐射对黑色的穿透能力强，增大了罐内油的温度，从而也增大了损失。如果油罐不密封，空气在罐内无限制地进行自由调节，油的气化现象自然加大，损失也加大。

④清罐损失。根据清罐安全技术操作规定，清罐前必须排除罐内全部石油蒸气，由此造成损失。除了蒸发损失外，当然还包括了黏附、洒漏以及沉积失效造成的损失。

（2）整装

①由于桶盖未上紧或垫圈老化失效，使桶内石油蒸气外逸造成损失。

②桶装油品倒桶作业，油品与大气接触所挥发的油蒸气外逸造成损失。

2. 运输过程

（1）由于车、船在运行中振荡、颠簸，加速了装载容器内油的蒸发。特别是当运输容器密封程度不良，装载量超过安全高度，不仅会使石油蒸气逸出，造成蒸发损失，甚至造成油品外溢，增大运输损耗量。

（2）向车、船灌装或从车、船上卸收油时，在车、船油料进出口处挥发油蒸气造成损失。

二、残漏损耗

残漏损耗是指在保管、运输、销售中由于车、船等容器内壁的黏附，容器内少量余油不能卸净和难以避免的洒滴、微量渗漏而造成数量上损失的现象。

（1）灌装车、船，当装满或卸空后，自车、船内取出鹤管（或胶管）内残留油洒漏在地面所造成的损失。

（2）倒装作业时发生的零星抛洒损失。

（3）连续进行灌桶作业，桶口或灌油枪嘴的滴洒损失。

（4）储输油容器设备的黏附、浸润损失。

尤其是黏度大的润滑油（脂），对包装容器的附着力较强，如再受低温影响，损失很大。它受时间和设备条件限制，不易清除干净，即使较长时间的倒装，也同样有黏附，甚至浸润到一些易受浸润的物质（如木材）里面去而造成损失。

此外，还有管道、阀门、油泵、法兰、油罐、油桶的渗漏，虽然不能当作自然损耗处理，却也是不可忽视的损耗，应当加强设备的检查和维修管理，杜绝这一类油品的损失。

第二节　石油损耗的分类与计算

一、损耗分类

1. 按工作环节分

可分为运输、保管、零售损耗。

（1）运输损耗指以发货点装入车、船起至车、船到达卸货点止整个运输过程中发生的损耗。

①铁路罐车及公路运输损耗：指油品装车计量后至收站计量验收止运输途中发生的损耗。

②水上运输损耗指将石油产品从甲地装入船（驳）到乙地后整个运输过程中发生的损耗。

（2）保管损耗是指油品从入库到出库，整个保管过程中发生的损耗。其中包括储存、输转、灌桶、装、卸等五项损耗。

①储存损耗指单个油罐在不进行收发作业时，因油罐小呼吸而发生的油品

损失。

②输转损耗指油品从某一油罐输往另一油罐时，因油罐大呼吸而产生的损失。

③灌桶损耗指将油品灌装到油桶时因油品挥发和黏附而产生的损失。

④装卸油品损耗指油品从油罐装入铁路罐车、油船（驳）、汽油罐等运输容器内或将油品从运输容器卸入油罐时，因油罐大呼吸及运输容器内油品挥发和黏附而产生的损失。

（3）零售损耗指零售商店、加油站在小批量付油过程和保管过程中发生的油品损失。

2. 损耗量

由于损耗而减少的数量为损耗量。

3. 运输溢余

油品到站计量数加上定额损耗后超过发货量的油品数量为油品运输溢余。

4. 定额损耗

油品在储运过程中，由于油品的特性，储运技术水平和正常设备技术状态下所造成的油品数量损失的极限为油品的定额损耗。其定额损耗率按《散装液态石油产品损耗标准》GB 11085—89 执行。

5. 损耗率

石油产品在某一项生产、作业过程中发生的损耗量同参与该项生产、作业量的质量之百分比为损耗率。

（1）运输损耗率指将石油产品从甲地运往乙地时，起运前和到达后车、船装载量之差与起运前装载量之百分比。一批发运两个或两个以上铁路罐车，起运前装载量为各车起运前装载量之和；运输损耗量以一个批次为计算单位，即等于到达后各车损耗量之代数和。

（2）储存损耗率是石油产品在静态储存期内，月累计储存损耗量同月平均储存量之百分比。

其中月累计储存损耗量是该月内日储存损耗量的代数和；月平均储存量是该月内每天油品储存量的累计数除以该月的实际储存天数。储存期内某一油罐有收、发作业时，该罐收、发作业时间内发生的损耗不属储存损耗。

（3）输转损耗率是指石油产品在油罐与油罐之间通过密闭的的管线转移时，输出量和收入量之差与输出量之百分比。

（4）灌桶损耗率指容器输出量与灌装量之差同容器输出量百分比。

（5）装车（船）损耗率指将石油产品装入车、船时，输出量和收入量之差同输出量之百分比。

(6)卸车(船)损耗率指从车、船中卸入石油产品时，卸油量和收油量之差同卸油量之百分比。

(7)零售损耗率指盘点时库存商品的减少量与零售总量之差同零售总量之百分比。

二、损耗计算

1. 运输过程中的损耗计算

(1)铁路罐车油品运输损耗计算

【例6-1】从湖北某油库发运一批三辆铁路罐车汽油至湖南某油库，里程300km，在湖北车上计量数分别为31874kg、30633kg、30311kg；车到湖南某库计量数分别为31813kg、30587kg、30236kg。试按规定计算这批油运输损耗量、运输损耗率及运输定额损耗量。

解：

运输损耗量 = 起运前罐车计量数 - 卸收前罐车计量数

$$运输损耗率 = \frac{运输损耗量}{起运前罐车计量数} \times 100\%$$

运输损耗量 = (31874 + 30633 + 30311) - (31813 + 30587 + 30236) = 92818 - 92636 = 182kg

$$运输损耗率 = \frac{182}{92818} \times 100\% = 0.196\% \approx 0.20\%$$

查附录3表7运输定额损耗率为0.16%，则：

运输定额损耗量 = 92818 × 0.16% = 149kg

答：这批油运输损耗量为182kg，运输损耗率为0.196%，运输定额损耗量为149kg。

> **提示：**
> 运输损耗量和运输定额损耗量都是以起运前罐车计量数为参照量。

(2)油船油品运输损耗计算

【例6-2】湖南省某油库向湖北省某油库发汽油一船，距离450km，油罐付出量666003kg，运到湖北某油库油罐收入量为662984kg，试求运输损耗量、运输损耗率和运输定额损耗量和收货量。

解：

水上运输损耗量 = 发货量 - 收货量

式中：

发货量 = 发油油罐计量数 – 装船定额损耗量

收货量 = 收油罐收入量 + 卸船定额损耗量

$$运输损耗率 = \frac{运输损耗量}{发货量} \times 100\%$$

查湖南属 A 类地区，查附录 3 表 2 装船定额损耗率为 0.07%，则：装船定额损耗量 = 666003 × 0.07% = 466.2 ≈ 466kg

油船收入量 = 666003 – 466 = 665537kg

查湖北属 B 类地区，查附录 3 表 3 卸船定额损耗率为 0.20%，则：

卸船定额损耗量 = 662984 × 0.20% = 1326.0kg

收货量 = 662984 + 1326 = 664310kg

运输损耗量 = 665537 – 664310 = 1227kg

$$运输损耗率 = \frac{1227}{665537} \times 100\%$$

$$= 0.184\% \approx 0.18\%$$

查附录 3 表 7 运输定额损耗率为 0.24%，则：

运输定额损耗量 = 665537 × 0.24%

$$= 1597.3 \approx 1597kg$$

答：该汽油运输损耗量为 1227kg，运输损耗率为 0.18%，运输定额损耗量为 1597kg，收货量为 664310kg。

对于水运在途 9 天以上，自超过日起，按同类油品立式金属罐的储存损耗率和超过天数折算。

提示：

按照发油前一切损耗不能转嫁给收货方的原则，应从油罐付出量中减去装船定额损耗量为油船收入量；按照收货方负担定额损耗的原则，收货量为收油罐收入量 + 卸船定额损耗量；另外，收货方还要负担运输定额损耗量。

2. 保管过程中的损耗计算

(1) 储存损耗计算

【例 6 – 3】湖南省某油库 10 号露天汽油拱顶立式金属罐 1 月盘点累计损耗 500kg，储油量 300000kg 有 6 天，600000kg 有 5 天，580000kg 有 3 天，320000kg 有 7 天，310000kg 有 5 天，其余时间油品动转。求储存损耗率和储存定额损耗量。

解：

储存损耗量 = 前油罐计量数 – 本次罐油计量数

月储存损耗率＝（月累计储存损耗量/月平均罐存量）×100%

月平均储存量＝（300000×6＋600000×5＋580000×3＋320000×7＋310000×5）/（6＋5＋3＋7＋5）＝10330000/26＝397307.7≈397308kg

储存损耗率＝$\frac{500}{397308}$×100%＝0.126%≈0.13%

查：湖南属A类地区，1月份为春冬季范畴，查附录3表1汽油月储存定额损耗率为0.11%，则：

月储存定额损耗量＝397308×0.11%＝437.0≈437kg

答：10号露天汽油拱顶立式金属罐1月份汽油损耗率为0.13%；定额损耗量为437kg。

（2）输转损耗计算

【例6-4】湖南省某油库5月份甲罐向乙罐（两罐均为固定顶罐）输转汽油，甲罐输出23456kg，乙罐收油23336kg，求输转损耗量、输转损耗率和输转定额损耗量。

解：

输转损耗量＝付油油罐付出量－收油油罐收入量

输转损耗率＝（输转损耗量/付油油罐付出量）×100%

输转损耗量＝23456－23336＝120kg

输转损耗率＝$\frac{120}{23456}$×100%＝0.512%≈0.51%

查附录3表4输转定额损耗率为0.22%，则：

输转定额损耗量＝23456×0.22%＝51.6≈52kg

答：两罐输转汽油输转损耗量为120kg，输转损耗率为0.51%，输转定额损耗量为52kg。

（3）灌桶损耗计算

【例6-5】某油罐通过台秤灌装油桶汽油，灌装前存油38465kg，灌装后存油33364kg，油桶装油量为5090kg，试求灌桶损耗量、灌桶损耗率和灌桶定额损耗量。

解：

灌桶损耗量＝油罐付出量－油桶收入量

灌桶损耗率＝（灌桶损耗量/油罐付出量）×100%

油罐付出量＝38465－33364＝5101kg

灌桶损耗量＝5101－5090＝11kg

$$灌桶损耗率＝\frac{11}{5101}×100\%＝0.216\%≈0.22\%$$

查附录3表5灌桶定额耗率为0.18%，则：

灌桶定额损耗量＝5101×0.18%

$$＝9.2kg≈9kg$$

答：该油罐灌桶损耗量为11kg，灌桶损耗率为0.22%，灌桶定额损耗量为9kg。

提示：

灌桶损耗率和灌桶定额损耗量计算都要以发油罐付出量为参照量，而不是以油桶装油量为参照量。

（4）装、卸油品损耗计算

【例6－6】湖南省某甲油库灌装一汽车油罐车汽油至某乙油库，油罐付出量为4963kg，汽车油罐车计量收油量为4950kg，汽车油罐车到乙库计量量为4945kg，汽车油罐车卸入油罐罐收油量为4938kg，试求装卸油损耗量、装卸油损耗率和装卸油定额损耗量。

解：

装、卸油损耗量＝付油容器付出量－收油容器收入量

装、卸油损耗率＝（装、卸油损耗量/付油容器付出量）×100%

装油损耗量＝4963－4950＝13kg

$$装油损耗率＝\frac{13}{4963}×100\%＝0.262\%≈0.26\%$$

查附录3表2装车定额损耗率为0.10%，则：

装车定额损耗量＝4963×0.10%＝4.96≈5kg

卸车损耗量＝4945－4938＝7kg

$$卸车损耗率＝\frac{7}{4945}×100\%＝0.142\%≈0.14\%$$

查附录3表3卸车定额损耗率为0.23%，则：

卸车定额损耗量＝4945×0.23＝11.4≈11kg

答：该车汽油甲库装车损耗量为 13kg，装油损耗率为 0.26%，乙库卸车损耗率为 7kg，卸油损耗率为 0.14%，装车定额损耗量应为 5kg，卸车定额损耗量应为 11kg。

> **提示：**
>
> 油轮、驳运输油品其交接方式以岸罐计量为准，装油的损耗率暂定为固定值。
>
> 装油损耗率和装车定额损耗量计算都要以发油罐付出量为参照量，而不是以收油罐收油量为参照量；卸车损耗率和卸车定额损耗量计算都要以收油罐收油量为参照量，而不是以发油罐付出量为参照量。

【例 6-7】湖南省某油库向湖北省某油库发汽油一船，油罐付出量 590948kg，运到湖北某油库油罐收入量为 585721kg，试求装船实际量和装、卸船定额损耗量。

解：

查湖南属 A 类地区，查附录 3 表 2 装船定额损耗率为 0.07%，则：

装船定额损耗量 = 590948 × 0.07% = 413.7 ≈ 414kg

油船收入量 = 590948 - 414 = 590534kg

查湖北属 B 类地区，查附录 3 表 3 卸船定额损耗率为 0.20%，则：

卸船定额损耗量 = 585721 × 0.20% = 1171.4 ≈ 1171kg

答：该批油油船装油量为 590534kg，装船定额损耗量为 414kg，卸船定额损耗量为 1171kg。

> **提示：**
>
> 装船定额损耗量以油罐付出量为参照量；卸船定额损耗量以油罐收入量为参照量。

3. 零售损耗计算

【例 6-8】某加油站通过加油机发油，4 月份汽油盘存账目如下：月初库存量 29464kg，当月入库量 589666kg，当月出库量 573193kg，月末库存量 44240kg，试求零售损耗量、零售损耗率和零售定额损耗量。

解：

零售损耗 = 月初库存量 + 本月入库量 - 本月出库量 - 月末库存量

$$零售损耗率 = \frac{当月零售损耗量}{当月付出量} \times 100\%$$

零售损耗量 = 29464 + 589666 - 573193 - 44240 = 1697kg

$$零售损耗率 = \frac{1697}{573193} \times 100\% = 0.296 \approx 0.30\%$$

查附录 3 表 6 零售定额损耗率为 0.29%，则：

零售定额损耗量 = 573193 × 0.29% = 1162.3 ≈ 1162kg

答： 该加油站 4 月份汽油零售损耗量为 1697kg，零售损耗率为 0.296%，零售定额损耗量为 1162kg。

> **提示：**
>
> 零售损耗率为零售损耗量除以当月付出量。

【**例 6 – 9**】某加油站通过加油机发油，4 月份柴油盘存账目如下：月初库存量 38655kg，当月入库量 778832kg，当月出库量 775438kg，月末库存量 41008kg，试求零售损耗量、零售损耗率和零售定额损耗量。

解：

零售损耗量 = 38655 + 778832 - 775438 - 41008 = 1041kg

$$零售损耗率 = \frac{1041}{775438} \times 100\% = 0.134 \approx 0.13\%$$

查附录 3 表 6 零售定额损耗率为 0.08%，

则零售定额损耗量 = 775438 × 0.08% = 620.4 ≈ 620kg

答： 该加油站 4 月份柴油零售损耗量为 1041kg，零售损耗率为 0.08%，零售定额损耗量为 620kg。

第三节 石油损耗处理

一、处理原则

一切损耗处理必须实事求是，有依据、有凭证，不得弄虚作假。

二、运输损耗处理

(1)收货方担负定额损耗，发货方承受溢余，责任方负担超耗。确系由于承运方责任造成超耗时，由承运方负担。

(2)运输损耗按批计算，同批同品种发运的油品溢耗可以相抵。

(3)运输损耗处理目前国家暂无规定，发货方、收货方和承运方协商，采用保量运输的方式进行交接，或者采用其他方式进行交接都行。

三、保管、零售损耗处理

(1)出库(站)前的一切损耗，由经营单位负担，不得转嫁给用户或其他单位；中转代管油品，在储存、收、发环节中发生的一切定额损耗，由委托方负担。

（2）保管、零售损耗，按月核销。

四、油品交接计算

1. 铁路罐车油品交接计算

【例6－10】某油库接卸铁路罐车装运的0号柴油3车，发油量：表号m919车为46670kg，表号m948车为47853kg，表号TX386车为63600kg。测得3车的计量数据分别为：①$H=2690mm$，$\rho'_{12.0}=0.8390g/cm^3$，$t=12.2℃$；②$H=2786mm$，$\rho'_{12.2}=0.8389g/cm^3$，$t=11.8℃$；③$H=2904mm$，$\rho'_{11.5}=0.8413g/cm^3$，$t=13.0℃$。发货方、收货方协商，按发货量的0.2%计算，损耗由收货方承担，其余由发货方赔偿。试按规定办理这批油品验收手续。

解：

（1）V_t的计算

①$V_J=55040L$

$K=24.5515$

$V_t=55040+24.5515×19=55506.47≈55506.5L$

②$V_J=55794+\dfrac{55849-55794}{2790-2780}(2786-2780)=55827L$

$K=24.8808+\dfrac{24.9152-24.8808}{2790-2780}(2786-2780)=24.90144≈24.9014$

$V_t=55827+24.9014×48=57022.26≈57022.3L$

③$V_t=71738+\dfrac{71840-71738}{2910-2900}(2904-2900)=71778.8L$

（2）ρ_{20}计算

①前2车ρ_{20}

$$\rho_{20}=0.8335g/cm^3$$

②后1车ρ_{20}

$\rho_{20}=0.8351+\dfrac{0.8371-0.8351}{0.8430-0.8410}(0.8413-0.8410)=0.8354g/cm^3$

（3）VCF计算

①$VCF=1.00660$

②$VCF=1.0071+\dfrac{1.0070-1.0071}{0.8340-0.8320}(0.8335-0.8320)=1.007025≈1.00702$

③$VCF = 1.0060 + \dfrac{1.0059 - 1.0060}{0.8360 - 0.8340}(0.8354 - 0.8340) = 1.00593$

（4）m 计算

①$m = 55506.5 \times 1.0066 \times (0.8335 - 0.0011) = 46508.54 \approx 46509 \text{kg}$

②$m = 57022.3 \times 1.00702 \times (0.8335 - 0.0011) = 47798.57 \approx 47799 \text{kg}$

③$m = 71778.8 \times 1.00593 \times (0.8354 - 0.0011)63436.2 \approx 63436 \text{kg}$

（5）运输定额损耗数量计算

$(46670 + 47853 + 63600) \times 0.12\% = 158123 \times 0.12\% = 189.8 \approx 190 \text{kg}$

（6）损耗量计算

$(46670 + 47853 + 63600) - (46509 + 47799 + 63436 + 190)$

$= 158123 - 157934 = 189 \text{kg}$

（7）损耗标准计算

$(46670 + 47853 + 63600) \times 0.2\% = 158123 \times 0.2\% = 316.2 \approx 316 \text{kg}$

（8）比较

$189 \text{kg} < 316 \text{kg}$

在损耗标准范围内，不办理索赔。

答：在损耗标准范围内，不办理索赔。

> **提示：**
>
> 数据多，应注意审题，理清头绪，分罐分步骤计算；定额损耗量、损耗标准量都是以启运前罐车计量量为参照量；索赔量是超耗量减去损耗标准量而只赔余下的量。

2. 油船油品交接计算

【例 6 – 11】 某油库 11 号露天非保温浮顶立式金属罐接卸距发货方 501km 发来的 90 号汽油一船，测得该罐收油前油水总高 1801mm，水高 73mm，$\rho'_{9.8} = 0.7307 \text{g/cm}^3$，$t_1 = 9.3℃$，$t_2 = 9.7℃$；收油后测得油水总高 9068mm，水高 80mm，$\rho'_{10.3} = 0.7322 \text{g/cm}^3$，$t = 10.4℃$。知这船油发油量为 985000kg；发货方、收货方协商，按发货量的 0.3% 计算，损耗在这一范围由收货方承担，损耗超过这一范围由发货方全部赔偿。试按规定办理验收手续。

解：

（1）ρ_{20} 计算

收油前：$\rho_{20} = 0.7198 + \dfrac{0.7218 - 0.7198}{0.7310 - 0.7290}(0.7307 - 0.7290) = 0.7215 \text{g/cm}^3$

收油后：$\rho_{20} = 0.7222 + \dfrac{0.7242 - 0.7222}{0.7330 - 0.7310}(0.7322 - 0.7310) = 0.7234 \text{g/cm}^3$

（2）VCF 计算

收油前：$VCF = 1.0137 + \dfrac{1.0136 - 1.0137}{0.7220 - 0.7200}(0.7215 - 0.7200)$

$\qquad\qquad\quad = 1.013625 \approx 1.01362$

收油后：$VCF = 1.0124 + \dfrac{1.0123 - 1.0124}{0.7240 - 0.7220}(0.7234 - 0.7220) = 1.01233$

（3）V_t 计算

收油前：$V_t = (323967 + 182 - 8960 + 18 \times 0.7215) \times [1 + 0.000036$

$\qquad\qquad\quad (\dfrac{9.3 + 9.7}{2} - 20)]$

$\qquad\qquad = 315202.0 \times 0.99962$

$\qquad\qquad = 315082.2 L$

收油后：$V_t = 1637913 + 10961 + 1461 - (8960 + 1277) + 842 \times 0.7234$

$\qquad\qquad = 1640707.1 L$

（4）m 计算

收油前：$m = 315082.2 \times 1.01362 \times (0.7215 - 0.0011) - 9409$

$\qquad\qquad = 319373.6 \times 0.7204 - 9409$

$\qquad\qquad = 230076.8 - 9409$

$\qquad\qquad = 220667.8 \approx 220668 kg$

收油后：$m = 1640707.1 \times 1.01233 \times (0.7234 - 0.0011) - 9409$

$\qquad\qquad = 1660937.0 \times 0.7223 - 9409$

$\qquad\qquad = 1199694.8 \approx 1199695 kg$

（5）进罐量：$m_{进} = 1199695 - 220668 = 979027 kg$

（6）定额损耗量：

①运输定额损耗量：

$m_{运} = 985000 \times 0.28\% = 2758 kg$

②卸船定额损耗量：

$m_{卸} = 979027 \times 0.01\% = 97.9 \approx 98 kg$

（7）损耗标准量计算：

$m_{标} = 985000 \times 0.3\% = 2955 kg$

（8）溢损量计算：

$m_{损} = (979027 + 2758 + 98) - 985000 = 981883 - 985000 = -3117 kg$

（9）比较：

超耗量 3117kg，超过损耗标准量 2955kg，应办索赔 3117kg。

答：11 号露天非保温浮顶立式金属油罐进油量 979027kg，应向发货方索赔 3117kg。

3. 汽车油罐车油品交接计算

【例 6－12】某加油站从距离 450km 的某油库用 2 号汽车油罐车运回汽油 7770kg，到站车上验收数据为：油水总高 1083mm，水高 12mm，$\rho'_{19.8}=0.7290\text{g/cm}^3$，$t=19.3℃$，知运输定额损耗率为 0.05%；发货方、收货方协商，按发货量的 0.2% 计算，损耗在这一范围由收货方承担，损耗超过这一范围由发货方全部赔偿。试按规定办理验收手续。

解：

$\rho_{20}=0.7288\text{g/cm}^3$

$VCF=1.00090$

$$V_t=10623+\frac{10638-10623}{1090-1080}(1083-1080)-\left[79+\frac{157-79}{20-10}(12-10)\right]$$

$$=10627.5-94.6$$

$$=10532.9\text{L}$$

$$m=10532.9\times1.00090\times(0.7288-0.0011)$$

$$=7671.7\approx7672\text{kg}$$

$m_{运}=7770\times0.05\%=3.9\approx4\text{kg}$

$m_{标}=7770\times0.2\%=15.5\approx16\text{kg}$

$m_{损}=7672+4-7770=-94\text{kg}$

超耗 94kg，超过损耗标准量 16kg。

答：超耗 94kg，超过损耗标准量 16kg，应向发货方索赔 94kg。

【例 6－13】某加油站与承运方签定油品保量运输合同，按单车总量的 0.2% 以内损耗由加油站负担，超过部分由承运方赔偿。今承运方到油库为该加油站用汽车油罐车运柴油一车，出库前承运方与油库确定发油量(V_{20})为 3650L，承运方运油到加油站后验收量(V_{20})为 3640L，问该车油溢损怎样结算？

解：

总损耗量 $=3650-3640=10\text{L}$

站损耗负担量 $=3650\times0.2\%=7.3\approx7\text{L}$

承运方损耗负担量 $=10-7=3\text{L}$

答：总损耗量10L，站损耗负担量7L，承运方损耗负担量3L。

第四节 降低石油成品油损耗的措施

为了降低损耗，减少损失，各级石油经营单位都要根据本单位的实际情况，努力减少油料流转环节，并加强每个流转环节的管理，采取切实的降耗措施，节约点滴油料，把损耗水平降低到最小限度。降低损耗的主要措施有：

一、加强储、输油设备容器的检查维修和保养

（1）油罐、油泵、管道、阀门、鹤管、罐油嘴等，做到不渗不漏不跑气。

（2）油罐呼吸阀正负压适度，呼吸正常，活门操纵装置等保证有效。

（3）漏桶和技术状况不良的车、船不装油；装油后发现渗漏者立即倒装。

二、严格执行安全技术操作管理

（1）灌装车、船时要严格控制油罐安全容量和车、船装载高度，不溢油，不冒油。不允许喷溅式灌油。

（2）灌装或倒装油桶时，要精心操作，不漏洒油料。

（3）接卸散装油品时，要将车、船底部余油吸净或刮净。

（4）使用过或回空的油桶，要将桶底余油倒净、抽净。

（5）清洗油罐时，要将罐底余油清除干净。

三、合理安排油罐使用，减少蒸发损失

（1）加强对油罐使用的计划管理，尽量避免倒换油罐。

（2）合理使用油罐，尽量减少储油的空容量，减少油罐的受热面积和油料蒸发面积。

（3）尽力减少同品种油罐之间的输转次数，力求减少大呼吸损失。一切必须的输转、计量，要尽可能选择在罐内外压力平衡时进行。

（4）收发业务频繁的油库，应固定吞吐油罐，逐罐吞吐，尽量保持其它储油罐的相对稳定。

四、扩大散装发运

开展直达运输和"四就"（就炼厂、就站台码头、就车船、就仓库）直拨业务，尽量去掉搬运、装卸中间环节，减少泵装、泵卸等环节的损耗。

五、地面罐降低储存损耗的措施

（1）对油罐表面涂刷强反光的银灰色漆料。

（2）向罐顶淋水降温，降低损耗。

（3）罐顶加装隔热层。

（4）筑防护墙

在罐体周围筑防护墙，减少阳光辐射面积，可降低损耗40%。

（5）安装挡板。在呼吸阀下端安装挡板，使油罐内部空间蒸气分层。当油罐吸入新鲜气体通过挡板时，该气体被分散在罐顶部四周；呼出油蒸气时，首先将上层浓度较小的油蒸气从呼吸阀呼出，从而减少了蒸发损失。

（6）建造浮顶油罐。建造浮顶油罐，能大幅度减少蒸发损失。浮顶油罐的油液面全部为浮顶（或内浮顶）所覆盖，并随油液面升降而起浮。可大大减少因温度变化的小呼吸量和因油料输转的大呼吸所造成的损失。装有浮顶罐的蒸发损失仅为拱顶油罐的1/20~1/30。

（7）修建聚气罐。聚气罐内装有升降板，与同品种油罐连通，专门收聚所连通各储油罐蒸发气体。当储油罐呼气时，被聚气管收入，罐内升降板下降；当各储油罐吸气时，聚气罐又把油蒸气送回各油罐，聚气罐内升降板上升。不使油蒸排出罐外，造成损失。

（8）安装还原吸收器。还原吸收器系一立式圆桶，内装隔板，隔板之间装填活性炭或充煤油、润滑油。当油罐呼气时，大气通过还原吸收器携带部分石油分子进入油罐，以控制罐内蒸发的油蒸气体无拘无束地飞逸大气空间。试验油罐安装还原吸收器可减少损失大约20%。

（9）在油罐区防火墙外围、桶装油储存区、小油罐群围堤外，在不影响安全警戒、不妨碍消防道路畅通和消防灭火操作、不破坏给排水设施的前提下，种植阔叶乔木利用树荫遮蔽，减弱阳光辐射，降低油罐外表温度，也可减少蒸发损耗。

（10）收集石油蒸气。利用山泉冷水或其他冷凝方法，使油蒸气还原为液体，也能收到降低蒸发损失的较好效果。

六、建造耐高压油罐和山洞库、覆土隐蔽库

这些罐和为油罐建造的库一个最大的特点就是降低油品环境的温度，减少油品损耗。

（1）要注意耐高压油罐罐内压力的调节，并加强对罐外壁的保养。

（2）要加强对山洞罐库、覆土隐蔽库的检查，按照要求调节库内的温度，减

少库门的敞开，使之将温度尽量地降低，从而减少油品损耗。

（3）在地埋罐指定位置按期开挖，防止因设备锈蚀等原因引起渗漏。

（4）除特殊要求外，按照油罐的保养要求对油罐做好常规的保养工作。

七、发动群众、开展关于降低损耗的科研活动与技术革新

（1）研究和实现各个环节的密封作业，避免和减少油料在作业过程中与空气接触，减少蒸发。

（2）研究和实现油料输送、储油罐、计量罐、车船和灌桶液面高度的自动控制，杜绝溢、洒、冒油事故。

（3）研究和实现油罐遥测计量，避免人工计量的蒸发损失。

（4）研究各种油料在不同储存条件下，不同储存周期的质量变化情况，减少变质损失努力争取多出科研成果，指导储存工作逐步建立在科学基础上。

总之，各级石油经营单位都应十分重视油料损耗管理工作，加强领导，要有专人负责，建立损耗登记统记和超耗审批等制度，拟定损耗管理实施办法，制定降低损耗方案，把降低损耗指标落实到车间、班组。在执行中定期检查，及时解决存在的问题，保证降低损耗指标的实现。

附录 1

中华人民共和国计量法

(1985 年 9 月 6 日第六届全国人民代表大会常委会第十二次会议通过)

第一章 总 则

第一条 为了加强计量监督管理,保障国家计量单位制的统一和量值的准确可靠,有利于生产、贸易和科学技术的发展,适应社会主义现代化建设的需要,维护国家、人民的利益,制定本法。

第二条 在中华人民共和国境内,建立计量基准器具、计量标准器具,进行计量检定,制造、修理、销售、使用计量器具,必须遵守本法。

第三条 国家采用国际单位制。

国际单位制计量单位和国家选定的其他计量单位,为国家法定计量单位。国家法定计量单位的名称、符号由国务院公布。

非国家法定计量单位应当废除。废除的办法由国务院制定。

第四条 国务院计量行政部门对全国计量工作实施统一监督管理。

县级以上地方人民政府计量行政部门对本行政区域内的计量工作实施监督管理。

第二章 计量基准器具、计量标准器具和计量检定

第五条 国务院计量行政部门负责建立各种计量基准器具,作为统一全国量值的最高依据。

第六条 县级以上地方人民政府计量行政部门根据本地区的需要,建立社会公用计量标准器具,经上级人民政府计量行政部门主持考核合格后使用。

第七条 国务院有关主管部门和省、自治区、直辖市人民政府有关主管部门,根据本部门的特殊需要,可以建立本部门使用的计量标准器具,其各项最高计量标准器具经同级人民政府计量行政部门主持考核合格后使用。

第八条 企业、事业单位根据需要,可以建立本单位使用的计量标准器具,其各项最高计量标准器具经有关人民政府计量行政部门主持考核合格后使用。

第九条 县级以上人民政府计量行政部门对社会公用计量标准器具,部门和

企业、事业单位使用的最高计量标准器具，以及用于贸易结算、安全防护、医疗卫生、环境监测方面的列入强制检定目录的工作计量器具，实行强制检定。未按照规定申请检定或者检定不合格的，不得使用。实行强制检定的工作计量器具的目录和管理办法，由国务院制定。

对前款规定以外的其他计量标准器具和工作计量器具，使用单位应当自行定期检定或者送其他计量检定机构检定，县级以上人民政府计量行政部门应当进行监督检查。

第十条　计量检定必须按照国家计量检定系统表进行。国家计量检定系统表由国务院计量行政部门制定。

计量检定必须执行计量检定规程。国家计量检定规程由国务院计量行政部门制定。没有国家计量检定规程的，由国务院有关主管部门和省、自治区、直辖市人民政府计量行政部门分别制定部门计量检定规程和地方计量检定规程，并向国务院计量行政部门备案。

第十一条　计量检定工作应当按照经济合理的原则，就地就近进行。

第三章　计量器具管理

第十二条　制造、修理计量器具的企业、事业单位，必须具备与所制造、修理的计量器具相适应的设施、人员和检定仪器设备，经县级以上人民政府计量行政部门考核合格，取得《制造计量器具许可证》或者《修理计量器具许可证》。

制造、修理计量器具的企业未取得《制造计量器具许可证》或者《修理计量器具许可证》的，工商行政管理部门不予办理营业执照。

第十三条　制造计量器具的企业、事业单位生产本单位未生产过的计量器具新产品，必须经省级以上人民政府计量行政部门对其样品的计量性能考核合格，方可投入生产。

第十四条　未经国务院计量行政部门批准，不得制造、销售和进口国务院规定废除的非法定计量单位的计量器具和国务院禁止使用的其他计量器具。

第十五条　制造、修理计量器具的企业、事业单位必须对制造、修理的计量器具进行检定，保证产品计量性能合格，并对合格产品出具产品合格证。县级以上人民政府计量行政部门应当对制造、修理的计量器具的质量进行监督检查。

第十六条　进口的计量器具，必须经省级以上人民政府计量行政部门检定合格后，方可销售。

第十七条　使用计量器具不得破坏其准确度，损害国家和消费者的利益。

第十八条　个体工商户可以制造、修理简易的计量器具。

制造、修理计量器具的个体工商户，必须经县级人民政府计量行政部门考核合格，发给《制造计量器具许可证》或者《修理计量器具许可证》后，方可向工商行政管理部门申请营业执照。

个体工商户制造、修理计量器具的范围和管理办法，由国务院计量行政部门制定。

第四章　计量监督

第十九条　县级以上人民政府计量行政部门，根据需要设置计量监督员。计量监督员管理办法，由国务院计量行政部门制定。

第二十条　县级以上人民政府计量行政部门可以根据需要设置计量检定机构，或者授权其他单位的计量检定机构，执行强制检定和其他检定、测试任务。执行前款规定的检定、测试任务的人员，必须经考核合格。

第二十一条　处理因计量器具准确度所引起的纠纷，以国家计量基准器具或者社会公用计量标准器具检定的数据为准。

第二十二条　为社会提供公证数据的产品质量检验机构，必须经省级以上人民政府计量行政部门对其计量检定、测试的能力和可靠性考核合格。

第五章　法律责任

第二十三条　未取得《制造计量器具许可证》、《修理计量器具许可证》制造或者修理计量器具的，责令停止生产、停止营业，没收违法所得，可以并处罚款。

第二十四条　制造、销售未经考核合格的计量器具新产品的，责令停止制造、销售该种新产品，没收违法所得，可以并处罚款。

第二十五条　制造、修量、销售的计量器具不合格的，没收违法所得，可以并处罚款。

第二十六条　属于强制检定范围的计量器具，未技照规定申请检定或者检定不合格继续使用的、责令停止使用，可以并处罚款。

第二十七条　使用不合格的计量器具或者破坏计量器具准确度给国家和消费者造成损失的，责令赔偿损失，没收计量器具和违法所得，可以并处罚款。

第二十八条　制造、销售、使用以欺骗消费者为目的的计量器具的，没收计量器具和违法所得，处以罚款；情节严重的，并对个人或者单位直接责任人员按诈骗罪或者投机倒把罪追究刑事责任。

第二十九条　违反本法规定，制造、修理、销售的计量器具不合格，造成人身伤亡或者重大财产损失的，比照《刑法》第一百八十七条的规定，对个人或者单位直接责任人员追究刑事责任。

第三十条　计量监督人员违法失职，情节严重的，依照《刑法》有关规定追究刑事责任；情节轻微的，给予行政处分。

第三十一条　本法规定的行政处罚，由县级以上地方人民政府计量行政部门决定。本法第二十七条规定的行政处罚，也可以由工商行政管理部门决定。

第三十二条　当事人对行政处罚决定不服的，可以在接到处罚通知之日起十五日内向人民法院起诉；对罚款、没收违法所得的行政处罚决定期满不起诉又不履行的，由作出行政处罚决定的机关申请人民法院强制执行。

第六章　附　则

第三十三条　中国人民解放军和国防科技工业系统计量工作的监督管理办法，由国务院、中央军事委员会依据本法另行制定。

第三十四条　国务院计量行政部门根据本法规定制定实施细则，报国务院批准施行。

第三十五条　本法自 1986 年 7 月 1 日起施行。

附录2(节录)

中华人民共和国国家标准

石 油 计 量 表

Petroleum measurement tables

GB/T 1885—1998

eqv ISO 91—2：1991

代替 GB/T 1885—83(91)

1. 范围

本标准规定了将在非标准温度下获得的玻璃石油密度计读数(视密度)换算为标准温度下的密度(标准密度)和体积修正系数的方法。

本标准适用于原油、润滑油和其他液体石油产品。

本标准所规定的标准温度为20℃。

本标准编制石油计量表所用油品的热膨胀数据与 ISO 91—1 一致。

注：在编制石油计量表时，密度计读数修正采用的玻璃热膨胀系数与 ISO 91—1 一致，同为 $23 \times 10^{-6}℃^{-1}$，略低于 ISO 1768 中引用的常规值($25 \times 10^{-6}℃^{-1}$)，但在实际最大温差下，这两个系数差对修正结果影响不大，如果贸易双方都认为应考虑该误差影响，则在查标准密度表之前，可以从密度计读数中减 $0.00002p_t{}'(t-20)$，其中 $p_t{}'$ 是玻璃密度计读数，t 是试验温度。

2. 引用标准

下列标准包括的条文，通过引用而构成本标准的一部分。除非在标准中另有明确规定，下述引用标准都应是现行有效标准。

GB/T 1884 石油和液体石油产品密度测定法(密度计法)

ISO 91—1 石油计量表—第1部分：以15℃和60°F为标准温度的表

ISO 1768 玻璃密度计—体积热膨胀系数常规值(用于编制液体计量表)

国家质量技术监督局 1998 – 06 – 17 批准　　　　　1999 – 03 – 01 实施●

●实施时间改为 2000 – 01 – 01

3. 定义

本标准采用下列定义。

3.1 试验温度(t')test temperature

在读取密度计读数的液体试样温度，℃。

3.2 视密度(ρ_t')observed density

在试验温度下，玻璃密度计在液体试样中的读数，kg/m^3 或 g/cm^3。

3.3 标准密度(ρ_{20})density at 20℃

在标准温度 20℃ 下的密度，kg/m^3。

3.4 计量温度(t)temperature measurement

储油容器或管线内的油品在计量时的温度，℃。

3.5 标准体积(V_{20})temperature of measurement

在标准温度 20℃ 下的体积，m^3。

3.6 体积修正系数(VCF)volume correction factor

石油在标准温度下的体积与其在标准温度下的体积之比。

4. 石油计量表的组成

在油量计算中，推荐采用如下石油计量表或计算程序(示例见附录 A)。

4.1 标准密度表

表 59A—原油标准密度表

表 59B—产品标准密度表

表 59D—润滑油标准密度表

注：如果输入上表中的密度不是由玻璃密度计测得的视密度，则不得直接采用上述标准密度表，一般先要将该密度值转化为本文中的视密度再查表或采用省略玻璃密度计修正的计算执行程序计算。

4.2 体积修正系数表

表 60A—原油体积修正系数表

表 60B—产品体积修正系数表

表 60D—润滑油体积修正系数表

4.3 特殊石油计量表

在油品特殊且贸易双方同意的情况下，可以直接使用 ISO 90—1：1982 中的表 54℃。

4.4 其他石油计量表

表 E1—20℃密度到 15℃密度换算表

表 E2—15℃密度到 20℃密度换算表

表 E3—15℃密度到桶/t 系数换算表

表 E4—计量单位系数换算表

5. 石油计量表的使用及实例

在实例中所查的石油计量表见附表 A。

5.1　标准密度表的使用

5.1.1　使用步骤

已知某种油品在某一试验温度下的视密度(按 GB/T 1884),换算标准密度的步骤:

a)根据油品类别选择相应油品的标准密度表;

b)确定视密度所在标准密度表中的密度之间;

c)在视密度栏中,查找已知的视密度值;在温度栏中找到已知的试验温度值。该视密度值与试验温度值的交叉数即为该油品的标准密度。

如果已知视密度值正好介于视密度栏中两个相邻视密度值之间,则可以采用内插法确定标准密度,但温度不内插,用较接近的温度值查表。

5.1.2　实例

例 1:已知某石油产品在 40℃ 下用玻璃石油密度计测得的视密度为 753.0kg/m³,求该油品的标准密度。

a)产品应查表 59B—产品标准密度表;

b)视密度 753.0kg/m³ 所在的视密度区间为 733.0 ~ 753.0kg/m³;

c)在视密度栏中找到 753.0kg/m³,在温度栏中找到 40℃,二者交叉数为 770.0kg/m³,即该油品的标准密度为 770.0kg/m³。

例 2:已知某原油在 40℃ 下用玻璃石油密度计测得的视密度为 805.7kg/m³,求该原油的标准密度。

a)原油应查表 59A—原油标准密度表;

b)视密度 805.7kg/m³ 所在的密度区间为 790.0 ~ 810.0kg/m³;

c)在视密度栏中没有与 805.7kg/m³ 对应的视密度值,它介于 804.0 ~ 806.0kg/m³ 之间,应采用内插法。查表得 40℃温度,视密度为 804.0kg/m³ 所对应的标准密度为 818.7kg/m³;同温度下,视密度为 806.0 kg/m³ 所对应的标准密度为 820.6 kg/m³,采用内插法得视密度变化 1.0 kg/m³ 对应标准密度的变化量为 $(820.6kg/m³ - 818.7kg/m³)/(806.0kg/m³ - 804.0kg/m³) = 0.95$。

由此可得出该原油的标准密度为 818.7kg/m³ + (805.7kg/m³ - 804.0kg/m³) × 0.95 = 820.3 kg/m³。

例3：已知某润滑油在32℃下用玻璃石油密度计测得的视密度为986.0kg/m³，求该润滑油的标准密度。

a)润滑油应查表59D—润滑油标准密度表；

b)在视密度986.0kg/m³所在密度区间为980.0～1000.0kg/m³；

c)在视密度栏中找到986.0kg/m³，在温度栏中找到32℃，二者交叉数为993.3 kg/m³，即该油品的标准密度为993.3 kg/m³。

5.2 体积修正系数表的使用

5.2.1 使用步骤

已知某油品的标准密度，换算出该油品从计量温度下体积修正到标准体积的体积修正系数的步骤：

a)根据油品类别选择相应油品的体积修正系数表；

b)确定标准密度在体积修正系数表中的密度区间；

c)在标准密度栏中查找已知的标准密度值，在温度栏中找到油品的计量温度值，二者的交叉数即为该油品由讲师温度修正到标准温度的体积修正系数。

如果已知标准密度介于标准密度行中两相邻标准密度之间，则不必采用内插法，仅以较接近的标准密度值所对应的体积修正系数为准。温度值不用内插，仅以较接近的温度值查表。●

5.2.2 实例

例1：已知某石油产品的标准密度为732.0kg/m³，求将该油品从40℃体积修正到标准体积的体积修正系数。

a)产品应查表60B—产品体积修正系数表；

b)标准密度762.0kg/m³所在的密度区间为750.0～770.0kg/m³；

c)在标准密度栏中找到762.0kg/m³，在温度栏中找到40℃，二者的交叉数为0.9764，即为该油品从40℃体积修正到标准体积的体积修正系数。

例2：已知某原油的标准密度为824.5kg/m³，求将该油品从40℃体积修正到标准体积的体积修正系数。

a)原油应查表60A—原油体积修正系数表；

b)标准密度824.5kg/m³所在的密度区间为810.0～830.0kg/m³；

c)在标准密度栏中没有824.5kg/m³所对应的标准密度值，它介于824.0 kg/m³和826.0kg/m³之间，以它最接近的标准密度值824.0kg/m³为准，查得在40℃温度的交叉数为0.981 9，该值即为该原油从40℃体积修正到标准体积的体积修正系数。

例3：已知某润滑油的标准密度为892.0 kg/m³，在温度栏中找到24℃，二者的交叉数为0.997 2，即为该润滑油从24℃体积修正标准体积的体积修正系数。

5.3 单位换算

当视密度采用分数单位 g/cm^3 和 kg/L 时，查表前应先乘以 10^3，将单位转化为 kg/m^3。

● 1999 年 11 月 19 日已改为"如果已知标准密度介于标准密度行中两相邻标准密度之间，则可以采用内插法确定体积修正系数。

附录3

中华人民共和国国家标准

UDC 665 41 543 06

GB 11085—89

散装液态石油产品损耗标准

Loss of bulk petroleum Liquic products

1. 主题内容与适用范围

本标准规定了散装液体石油产品（以下简称石油产品）的接卸、储存、运输（含铁路、公路、水路运输）、零售的损耗。

本标准适用于市场用车用汽油、灯用煤油、柴油和润滑油，但不包括航空汽油、喷气燃料，液化石油气和其他军用油料。

计算本标准中各项损耗量时，除容器、量具必须经过检定合格外，尚应遵循GB 1884 石油和液体石油产品密度测定法（密度计法）和 GB/T 1885 石油密度计量换算表的有关规定。

2. 名词、术语

2.1 损耗

损耗为蒸发损耗和残漏损耗的总称。前者指在气密性良好的容器内按规定的操作规程进行装卸、储存、输转等作业，或按规定的方法零售时，由于石油产品表面汽化而造成数量减少的现象。后者指在保管、运输、销售中由于车、船等容器内壁的黏附，容器内少量余油不能卸净和难以避免的洒滴、微量渗漏而造成数量上损失的现象。

2.2 损耗量
由于损耗而减少的数量。

2.3 损耗率
石油产品在某一项生产、作业过程中发生的损耗量同参与该项生产、作业量的重量之百分比。

2.4 储存损耗率

石油产品在静态储存期内，月累计储存损耗量同月平均储存量之百分比。

月累计储存损耗量是该月内日储存损耗量的代数和；月平均储存量是该月内每天油品存量的累计数除以该月的实际储存天数。

储存期内某一个油罐有收、发作业时，该罐收、发作业时间内发生的损耗不属储存损耗。

2.5 输转损耗率

石油产品在油罐与油罐之间通过密闭的管线转移时，输出量和收入量之差与输出量之百分比。

2.6 装车(船)损耗率

将石油产品装入车、船时，输出量和收入量之差同输出量之百分比。

注：由于目前油船容积没有一个统一的检定方法，所以以岸罐计量为准；装船的损耗率暂定为固定值。

2.7 卸车(船)损耗率

从车、船中卸下石油产品时，卸油量和收入量之差同卸油量之百分比。

注：由于目前油船容积没有一个统一的检定方法，所以以岸罐计量为准，装船的损耗率暂定为固定值。

2.8 运输损耗率

将石油产品从甲地运往乙地时，起运前和到达后车、船装载量之差与起运前装载量之百分比。一批发运两个或两个以上的铁路罐车，起运前装载量为各车起运前装载量之总和；运输损耗量以一个批次为计算单位，即等于到达后各车损耗量之代数和。

2.9 灌桶损耗率

容器输出量与灌装量之差同容器输出量之百分比。

2.10 零售损耗率

盘点时库存商品的减少量与零售总量之差同零售总量之百分比。

2.11 立式金属罐

指建于地面上的立式金属固定顶罐。

2.12 浮顶罐

指外浮顶和内浮顶罐。

2.13 隐蔽罐

指建于地下、半地下、复土和山洞中的油罐。

3. 地区的划分

3.1 A 类地区

江西、福建、广东、海南、云南、四川、湖南、贵州、台湾省和广西壮族自治区。

3.2 B 类地区

河北、山西、陕西、山东、江苏、浙江、安徽、河南、湖北、甘肃省、宁夏回族自治区、北京、天津、上海市。

3.3 C 类地区

辽宁、吉林、黑龙江、青海省、内蒙古、新疆、西藏自治区。

4. 季节的划分

A 类、B 类地区，每年一至三月、十至十二月为春冬季，四至九月为夏秋季。

C 类地区，每年一至四月、十一至十二月为春冬季，五至十月为夏秋季。

5. 损耗标准

5.1 储存损耗率（按月计算）

表1　储存损耗率　　　　　　　　　　　　　%

地　区	立式金属罐			隐蔽罐、浮顶罐
	汽　油		其他油	不分油品、季节
	春冬季	夏秋季	不分季节	
A 类	0.11	0.21		
B 类	0.05	0.12	0.01	0.01
C 类	0.03	0.09		

注：（1）卧式罐的储存损耗率可以忽略不计。

（2）高原地区，根据油库所在地海拔高度按以下幅度修正储存损耗：

海拔高度/m	增加损耗/%
1001～2000	21
2001～3000	37
3001～4000	55
4001 以上	76

5.2 装车(船)损耗率

表2　装车(船)损耗率　　　　　　　　　　　　　　　%

地 区	汽 油		其他油	
	铁路罐车	汽车罐车	油轮油驳	不分容器
A 类	0.17	0.10	0.07	0.01
B 类	0.13	0.08		
C 类	0.08	0.05		

5.3 卸车(船)损耗率

表3　卸车(船)损耗率　　　　　　　　　　　　　　　%

地 区	汽 油		煤、柴油	润滑油
	浮顶罐	其他罐	不分罐型	
A 类	0.01	0.23	0.05	0.04
B 类		0.20		
C 类		0.13		

注：其他罐包括立式金属罐、隐蔽罐和卧式罐。

5.4 输转损耗率

表4　输转损耗率　　　　　　　　　　　　　　　%

地 区	汽 油				其他油
	浮顶罐（春冬季）	其它罐（春冬季）	浮顶罐（夏秋季）	其他罐（夏秋季）	不分季节、罐型
A 类	0.01	0.15	0.01	0.22	0.01
B 类		0.12		0.18	
C 类		0.06		0.12	

注：本表中的罐型均指输入罐的罐型。

5.5 灌桶损耗率

表5　灌桶损耗率　　　　　　　　　　　　　　　%

油品	汽油	其他油
损耗率	0.18	0.01

5.6 零售损耗率

表6　零售损耗率　　　　　　　　　　　　　　　%

零售方式	加油机付油			量提付油	称重付油
油品	汽油	煤油	柴油	煤油	润滑油
损耗率	0.29	0.12	0.08	0.16	0.47

5.7 运输损耗率

表7 运输损耗率   %

油品名称 \ 运输方式 行航里程/km	水运			铁路运输			公路运输	
	500以下	501～1500	1501以上	500以下	501～1500	1501以上	50以下	50以上
汽油	0.24	0.28	0.36	0.16	0.24	0.30	0.01	每增加50km，增加0.01；不足50km，按50km计算
其他	0.15			0.12				

注：水运在途九天以上，自超过日起，按同类油品立式金属罐的储存损耗率和超过天数折算。

参考文献

[1]中华人民共和国计量法．北京：中国计量出版社，1986

[2]国家质量监督检验检疫总局．中华人民共和国国家计量技术规范．JJF 1001—2011 通用计量术语及定义．北京：中国计量出版社，2011

[3]中华人民共和国国家计量技术规范汇编．术语．北京：中国计量出版社，2001

[4]中华人民共和国国家标准 GB/T 1885—1998 石油计量表．北京：中国标准出版社，1998

[5]中华人民共和国国家标准 GB/T 13894—92 石油和液体石油产品液位测量法（手工法）．北京：中国标准出版社，1992

[6]中华人民共和国国家标准 GB/T 8927—88 石油和液体石油产品温度测量法．北京：中国标准出版社，1988

[7]中华人民共和国国家标准 GB/T 4756—1998 石油液体手工取样法．北京：中国标准出版社，1998

[8]中华人民共和国国家标准 GB/T 1884—2000 原油和液体石油产品密度实验室测定法（密度计法）．北京：中国标准出版社，2000

[9]中华人民共和国国家标准 GB/T 8929—88 原油水含量测定法．北京：中国标准出版社，1988

[10]中华人民共和国国家标准 GB/T 260—77 石油产品水分测定法．北京：中国标准出版社，1977

[11]中华人民共和国国家标准 GB/T 9109.5—88 原油动态计量油量计算．北京：中国标准出版社，1988

[12]中华人民共和国国家标准 GB/T 11085—89 散装液态石油产品损耗标准．北京：中国标准出版社，1989

[13]中华人民共和国国家标准 GB/T 19779—2005 石油和液体石油产品油量计算静态计量．北京：中国计量出版社，2005

[14]中华人民共和国计量检定规程 JJG 1014—89 罐内液体石油产品技术规范．北京：中国计量出版社，1989

[15]中华人民共和国计量检定规程 JJG 4—1999 钢卷尺．北京：中国计量出版社，1999

[16]中华人民共和国计量检定规程 JJG 130—2011 工作用玻璃液体温度计．北京：中国计量出版社，2011

[17]中华人民共和国计量检定规程 JJG 42—2011 工作玻璃浮计．北京：中国计量出版

社，2011

[18] 中华人民共和国计量检定规程 JJG 168—2005 立式金属罐容量试行检定规程．北京：中国计量出版社，2005

[19] 中华人民共和国计量检定规程 JJG 266—96 卧式金属罐容积．北京：中国计量出版社，1996

[20] 中华人民共和国计量检定规程 JJG 133—2005 汽车油罐车容量．北京：中国计量出版社，2005

[21] 中华人民共和国计量检定规程 JJG 702—2005 船舶液货计量舱．北京：中国计量出版社，2005

[22] 中华人民共和国计量检定规程 JJG 667—1997 液体容积式流量计．北京：中国计量出版社，1997

[23] 中华人民共和国计量检定规程 JJG 897—1995 质量流量计．北京：中国计量出版社，1995

[24] 中华人民共和国计量检定规程 JJG 443—2006 燃油加油机．北京：中国计量出版社，2006

[25] 中华人民共和国计量检定规程 JJG 198—1994 速度式流量计．北京：中国计量出版社，1994

[26] 中华人民共和国计量检定规程 JJG 97—2002 液位计．北京：中国计量出版社，2002

[27] 中华人民共和国计量检定规程 JJG 234—1990 动态称量轨道衡．北京：中国计量出版社，1990

[28] 中华人民共和国计量检定规程 JJG 142—2002 非自行指示轨道衡．北京：中国计量出版社，2002

[29] 中华人民共和国计量技术规范 JJF 1004—2004 流量计量名词术语及定义．北京：中国计量出版社，2004

[30] 中国石油化工总公司．Q/SH 039—019—90 成品油计量管理标准．1990

[31] 肖素琴主编．油品计量员读本．北京：中国石化出版社，2001

[32] 中国石油化工总公司销售公司编．石油管理手册．北京：烃加工出版社，1990

[33] 中国石油化工总公司销售公司编．新编石油商品知识手册．北京：中国石化出版社，1996

[34] 辽宁省质量计量检测研究院编．计量技术基础知识．北京：中国计量出版社，2001

[35] 李小亭，王树彩，林世增，齐湛谊，岳中炎编著．长度计量．北京：中国计量出版社，2002

[36] 李吉林，汪开道，张锦霞，蔡怀礼编著．温度计量．北京：中国计量出版社，1999

[37] 李孝武，刘景利，刘焕桥，沙克兰，戚瑛编著．力学计量．北京：中国计量出版社，1999

[38] 黄锦材编著．质量计量．北京：中国计量出版社，1990

[39] 谢纪绩，翟秀贞，王池，陈红编著．燃油加油机．北京：中国计量出版社，1998